建设机械岗位培训教材

高层建筑擦窗机安全操作与使用保养

住房和城乡建设部建筑施工安全标准化技术委员会
中国建设教育协会建设机械职业教育专业委员会　组织编写
中国工程机械工业协会装修与高空作业机械分会

王　平　兰阳春　主编

中国建筑工业出版社

图书在版编目（CIP）数据

高层建筑擦窗机安全操作与使用保养/王平，兰阳春主编．—北京：中国建筑工业出版社，2018.8

建设机械岗位培训教材

ISBN 978-7-112-22444-9

Ⅰ.①高… Ⅱ.①王… ②兰… Ⅲ.①高层建筑-窗玻璃-清洁机械-岗位培训-教材 Ⅳ.①TU976

中国版本图书馆CIP数据核字（2018）第192487号

本书是建设机械岗位培训教材之一，内容包括：岗位认知、设备认知、安全操作、使用保养、作业安全、常用标准规范、作业现场常见标志等，具有较强的实践指导作用。

本书既可以作为施工作业人员上岗培训教材，也可作为职业院校相关专业基础教材。

责任编辑：朱首明 李 明 司 汉

责任校对：党 蕾

建设机械岗位培训教材

高层建筑擦窗机安全操作与使用保养

住房和城乡建设部建筑施工安全标准化技术委员会
中国建设教育协会建设机械职业教育专业委员会　组织编写
中国工程机械工业协会装修与高空作业机械分会

王 平 兰阳春 主编

*

中国建筑工业出版社出版、发行（北京海淀三里河路9号）

各地新华书店、建筑书店经销

北京红光制版公司制版

廊坊市海涛印刷有限公司印刷

*

开本：787×1092毫米 1/16 印张：7½ 字数：187千字

2018年9月第一版 2018年9月第一次印刷

定价：**26.00**元

ISBN 978-7-112-22444-9

（32676）

建设机械岗位培训教材编审委员会

特别鸣谢：

中国建设教育协会秘书处

中国建筑科学研究院有限公司建筑机械化研究分院

北京建筑机械化研究院有限公司

中国工程机械工业协会装修与高空作业机械分会

中国建设教育协会培训中心

中国建设教育协会继续教育委员会

中国建设劳动学会建设机械技能考评专业委员会

住建部标准定额研究所

全国升降工作平台标准化技术委员会

住房和城乡建设部建筑施工安全标准化技术委员会

中国工程机械工业协会标准化工作委员会

河南省建筑安全监督总站

长安大学工程机械学院

沈阳建筑大学

大连交通学院

国家建筑工程质量监督检验中心施工机具检测部

廊坊凯博建设机械科技有限公司

北京凯博擦窗机械科技有限公司

上海普英特高层设备股份有限公司

江苏雄宇重工集团

无锡瑞吉德机械有限公司

无锡小天鹅机械有限公司

沈阳学龙机械有限公司

山东德建集团

大连城建设计研究院有限公司

北京燕京工程管理有限公司

中建一局北京公司

大连城建设计研究院有限公司

北京城建设计发展集团股份有限公司

中国工程机械工业协会装修与高空作业机械分会骨干会员单位

中国建设教育协会建设机械领域骨干会员单位

前　言

20世纪80年代，我国自美、德、日等国进口擦窗机用于高层建筑清洗维护作业。经过近40年的发展，擦窗机已成为现代高层建筑外立面和采光屋面安装施工、清洗保洁、维护作业的专用常设设备，许多大中城市高层、超高层地标建筑多已安装了专门设计的擦窗机。随着擦窗机保有量增多，使用擦窗机实施高层外立面维护作业日益普及，相关岗位人员等对擦窗机安全操作、使用维护和作业管理等提出了知识更新的需求。

为推动建设机械和机械化施工领域岗位能力培训工作，中国建设教育协会建设机械职业教育专业委员会联合住房和城乡建设部施工安全标准化技术委员会共同设计了建设机械岗位培训教材的知识体系和岗位能力的结构框架，启动了岗位培训教材研究编制工作，得到了行业主管部门、高校院所、行业龙头骨干企业、高中职校会员单位和业内专家的大力支持。

住房和城乡建设部建筑施工安全标准化技术委员会、中国建筑科学研究院有限公司建筑机械化研究分院、全国升降工作平台标准化技术委员会、中国建设教育协会建设机械职业教育专业委员会、中国工程机械工业协会装修与高空作业机械分会等组织业内骨干单位和领军企业组建产学研用团队，及时编写了《高层建筑擦窗机安全操作与使用保养》一书。本书全面介绍了擦窗机行业背景知识、产品组成、构造原理、设备操作、使用保养、安全作业等知识，对于该领域的施工作业、设备使用、设备管理、标准实施、安全知识普及将起到积极作用。

全书由中国建筑科学研究院有限公司建筑械化研究分院王平、上海普英特高层设备股份有限公司兰阳春主编，北京凯博擦窗机械科技有限公司董威、谢丹蕾任副主编，全书由王平统稿，长安大学工程机械学院王进教授和中国工程机械工业协会装修与高空作业机械分会王东红理事长担任主审。

本书编写过程中得到了中国建设教育协会建设机械职业教育专业委员会、中国工程机械工业协会装修与高空作业机械分会各骨干会员的大力支持。中国建筑科学研究院有限公司建筑械化研究分院王春琢、张森、刘承桓、鲁卫涛、张磊庆、陈晓峰、孟竹、郑旭、安志芳等，沈阳建筑大学孙佳，北京凯博擦窗机械科技有限公司何明、祝志锋、刘东明、李玉洁、李鹏、唐明明、张理想、田春伟、李沿沿等，北京建筑机械化研究院刘双、刘惠彬、李静、尹文静、刘研，江苏雄宇重工集团谢家学、王志华，无锡小天鹅机械公司李石生、杜景鸣，无锡瑞吉德机械公司潘仁度、金惠昌、陈雪松，衡水龙兴房地产开发公司王景润，浙江开元建筑安装集团余立成，中建一局北京公司秦兆文，国家建筑工程质量监督检验中心施工机具检测部王峰、郭玉增、陶阳、韦东、温雪兵、崔海波、刘垚，河北公安消防总队李保国，大连交通学院宋琰玉，浙江省建设投资集团有限公司陈洁如，住建部标准定额研究所雷丽英、毕敏娜、姚涛、张惠锋、刘彬、郝江婷、赵霞，大连城建设计研究院靖文飞，河南省建筑安全监督总站牛福增、陈子培、马志远，河南省建筑工程标准定额站朱军，武汉安赛伏机械设备有限公司吴安，衡水建设工程质量监督检验中心王敬一、王项乙，中国京冶工程技术有限公司胡晓晨，北京城建设计发展集团股份有限公司王晋霞，沈阳学龙机械有限公司郑学龙、高红顺，山东德建集团胡兆文、李志勇、田长军、张宝华、唐志勃等参加编写。

本书编写过程中得到了中国建设教育协会刘杰、李平、王凤君、李奇、张晶、傅钰等专家领导的精心指导，中国工程机械工业协会李守林副理事长，中国工程机械工业协会装修与高空机械分会王东红理事长、原秘书长霍玉兰女士等业内人士支持和不吝赐教。本书作为高层建筑擦窗机岗位公益培训教材，所选场景、图片均属善意使用，编写团队对行业厂商品牌无倾向性。在此谨向与编制组分享资料、图片和素材的机构人士一并致谢。

该书既可作为施工人员上岗培训之用，也可作为高中职类学校相关专业的基础教材。因水平有限，编写过程难免有不足之处，欢迎广大读者提出宝贵意见和建议。

目　录

第一章　岗　位　认　知

第一节　行　业　认　知

一、产品功能特点

擦窗机是为高层建筑物外墙立面和采光屋面安装施工、清洗维护作业而专门研制的一种专用常设悬挂接近设备（英文：Building Maintenance Unit），直译名称：建筑维护单元，简称：BMU。国际标准化组织将擦窗机在国际标准体系上归属工作平台系列，擦窗机是我国约定俗成的对这类高层外立面维护作业悬挂设备的统称。

1. 擦窗机功能

包括如下几个方面：

（1）维护。一般情况下，擦窗机可承载两名工作人员对建筑物外立面进行检查和维护。

（2）清洁。一般情况下，擦窗机可以承载两名工作人员定期对建筑物外立面进行保洁、维修，可以使建筑物外观保持清洁。

（3）应急。特殊情况下，擦窗机在符合操作程序前提下，可以用于运送人员和物资。

（4）运输。特殊情况下，擦窗机在制定有专门安全方案、获得制造厂专业工程师指导、在符合操作程序等前提下，可临时用于垂直吊运施工电梯无法运送的物品设备。

在擦窗机设备种类中，除了全自动擦窗机器人不需要人员操作（不在本书介绍范围），其他类型的擦窗机均是通过由擦窗机提供一个吊船，操作人员在吊船中作业，吊船可在设计空间内做上下、左右、前后（特殊设计）移动，使操作人员能顺利达到作业部位。

2. 擦窗机的维护与管理

擦窗机设备需根据建筑物需求进行专业定制设计，经过规范的安装、维护和保养才能发挥正常功能。

擦窗机完成安装调试，委托检验验收通过后移交业主或业主指定的物业管理单位后，业主及授权物业管理单位对擦窗机使用管理、维护检查、安全管理等就具有了安全生产主体责任，其有义务委托具备能力的制造商或服务机构为擦窗机提供定期检查、周期维护、操作培训、技术培训、维修保养等。

目前，国家虽然未将擦窗机列入特种设备目录管控，在人员从业准入方面未设定行政许可和职业资格，但由于擦窗机属于高空载人作业设备，因此对擦窗机设备自身安全性、可靠性，对操作维保人员安全素质和职业素养要求非常高。

二、国内外现状

1. 国内现状

我国在20世纪80年代由国外建筑师设计了一批高层高档建筑，在建筑设计之初就考虑了楼宇外立面维护用的擦窗机设备。这一时期主要从日本或欧洲进口擦窗机，用于北京昆仑饭店、兆龙饭店、长城饭店等高层建筑。

从1995年开始，国内高层建筑的建设进入热潮，国内专业擦窗机公司相继得到发展壮大。业内历史较长的以中国建筑科学研究院有限公司建筑机械化研究分院、北京凯博擦窗机械科技有限公司、上海普英特高层设备股份有限公司、紫光擦窗机公司（目前已退出擦窗机领域）等为代表，成为本行业的拓荒者，引领着技术创新、行业标准研究和产业的发展。

行业发展主要里程碑事件：

2003年，全国升降工作平台标准化技术委员会（ISO/TC 214）和中国建筑科学研究院建筑机械化研究分院编制完成国家标准《擦窗机》GB/T 19154—2003并颁布，成为本行业第一本国家标准，为规范行业和促进国际交流提供了工作平台。

2005年，国内擦窗机企业10家，年产300台，市场50%以上份额为进口产品所占据。

2006～2015年，在国家“十一五”、“十二五”期间，国家科技部、国家住房和城乡建设部、国务院国资委高度重视高空作业装备产业发展与无脚手架安装作业施工技术装备研发工作。中国建筑科学研究院建筑机械化研究分院、长安大学、西安建筑科技大学、沈阳建筑大学联合组建优势产学研团队，先后获住建部科技计划、国家科技支撑计划立项支持。

高层建筑外立面清洗维护设备和无脚手架施工技术研究的代表性重点课题：

(1)《高大异型建筑外立面装修机械化施工关键技术设备》——住建部科技计划；

(2)《异型建筑外立面施工维护关键设备产业化开发》——国家科技支撑计划；

(3)《超高建筑用施工平台关键技术研发与产业化》——国家科技支撑计划。

通过一系列科研项目的实施，使擦窗机行业中二十余项共性关键技术得到了解决，提升了我国擦窗机产品的综合设计和生产能力，使我国擦窗机总体技术达到国际先进水平。

2016～2017年，在研究包括欧洲标准EN1808等国外相关标准的基础上，结合我国用户的使用特点，编制完成国家标准《擦窗机》GB/T 19154—2017，于2018年8月1日实施。

2017年，国内擦窗机领域具备一定规模的生产企业达到25家，国内擦窗机企业年产能接近1000台套。

国产品牌擦窗机已成功运用到许多城市的著名地标建筑，显现了较强的综合竞争实力。如：北京东方广场、北京国贸中心等。在北京国贸三期、上海中心、广州西塔、广州电视塔等擦窗机竞标中，国内领军企业与国外品牌设备商开展多层次交流合作，共同为客户提供价值服务，提高了国产擦窗机美誉度和满意度。

2. 国外现状

国外擦窗机是在高处作业吊篮产品基础上发展起来的机械设备产品。20世纪60年代初国外发达国家，如德国、日本、比利时、挪威等相继形成产品系列。

目前国外主要生产商有：德国 MANNTECH、澳大利亚 COX—GOMYL、挪威 KOLTEK、日本 BVE、卢森堡 TRACTEL、西班牙 ATECH、GIND、EASA 等。

德国 MANNTECH 品牌擦窗机在国际知名建筑案例：马来西亚双子塔、美国银行大厦等；在中国的工程案例：上海金茂大厦、深圳京基、上海中心。如图 1-1 所示。

(*a*)

(*b*)

(*c*)

图 1-1 德国 MANNTECH 的应用案例

(*a*) 马来西亚双子塔；(*b*) 上海金茂大厦；(*c*) 上海中心

澳大利亚 COX 品牌擦窗机在国际知名建筑案例：中东迪拜塔、俄罗斯联邦大厦等；在中国的工程案例：上海环球中心、北京国贸三期、广州西塔、香港中银大厦、台湾 101 大厦等。如图 1-2 所示。

(*a*)

(*b*)

(*c*)

(*d*)

(*e*)

图 1-2 澳大利亚 COX 的应用案例

(*a*) 上海环球中心；(*b*) 香港中银大厦；(*c*) 广州西塔；(*d*) 北京国贸三期；(*e*) 台湾 101 大厦

三、行业前景

目前，擦窗机产品作为一种高新技术含量较高的智能化机电设备，其应用遍布各大中城市，为高档写字楼、酒店、宾馆等公共建筑提供外立面清洗维护服务。我国城市管理运营部门和建筑业主、建筑物维护服务单位越来越重视并认识到了擦窗机对高档建筑物清洗和维护的重要性，高层建筑大厦投资者也更加注意墙面清洗维护系统和建筑设备的设计采购安装。随着国家大力推进装配化建筑和 BIM 体系，相关部门、社会团体将高层建筑擦窗机和幕墙维护设施等配置要求列入标准，擦窗机市场需求正在逐步得到释放。

国内领军企业自主品牌的高中档擦窗机产品已经实现与欧洲先进国际技术标准接轨，研制的复合折臂擦窗机、伸缩臂擦窗机、立柱升降擦窗机等产品先后出口到新加坡、菲律宾、印度、俄罗斯、中国香港等国家和地区。如图 1-3 所示。在诸多地标建筑中，国内擦窗机产品与国际品牌产品同台竞技，多有胜出，成为墙面清洗维护专业设备领域“中国制造”的亮点机种。

(a)

(b)

(c)

图 1-3 擦窗机的类型

(a) 复合折臂擦窗机；(b) 伸缩臂擦窗机；(c) 立柱升降擦窗机

第二节 从 业 要 求

一、岗位能力

岗位能力主要是指针对某一行业、某一工作职位提出的在职实际操作能力。

岗位能力培训旨在针对新知识、新技术、新技能、新法规等内容开展培训，提升从业者岗位技能，增强就业能力，探索职业培训的新方法和途径，提高我国职业培训技术水平，促进就业。

国家实行先培训后上岗的就业制度。根据住房和城乡建设部最新的建筑工人培训管理办法，工人可由用人单位根据岗位设置与任务内容自行实施岗位培训，也可以委托第三方专业机构实施岗位培训服务，用人单位和培训机构是建筑工人培训的责任主体，鼓励社会组织根据用户需要提供有价值的社团服务。

国家鼓励劳动者在自愿参加职业技能考核或鉴定后，获得职业技能证书。学员参加基础培训考核，获取建设类建设机械施工作业岗位培训证明，即可具备基础知识能力。具备一定工作经验后，还可通过第三方技能鉴定机构或水平评价服务机构参加技能评定，获得相关岗位职业技能证书。

擦窗机业主和使用操作、维护管理的岗位人员可通过擦窗机服务商，接受客户培训、专业技术培训、安全知识培训，获得擦窗机设备使用维护、管理专业知识和必要的操作技能。

在市场化培训服务模式下，对擦窗机相关岗位工作感兴趣的社会学员，还可由住房和城乡建设部主管的中国建设教育协会建设机械职业教育专业委员会的会员定点培训机构（设有擦窗机专业的会员单位培训中心），自愿报名注册参加培训学习，考核通过后，取得岗位培训合格证书（含岗位能力操作证）。该学习培训过程由培训服务市场主体基于市场化规则开展，培训合格证书由相关市场主体在建设服务活动中自愿约定采用。该证书是学员通过专业培训后具备岗位知识能力的证明，是工伤事故及安全事故裁定中证明自身接受过系统培训、具备基本岗位能力的辅证；同时也证明自己接受过专业培训，基本岗位能力符合建设机械国家及行业标准、产品标准和作业规程对操作者的基本要求。

当学员发生事故后，调查机构可能会追溯学员培训记录，社保机构也会将学员岗位知识能力是否合格作为理赔要件之一。中国建设教育协会建设机械职业教育专业委员会作为行业自律服务的第三方，将根据工作程序向有关机构出具学员培训记录和档案情况，作为事故处理和保险理赔的第三方辅助证明材料。因此学员档案的生成、记录的真实性及档案的长期保管显得较为重要。学员进入社会从业，经聘用单位考核入职录用后，还须自觉接受安全法规、技术标准、设备工法及应急事故自我保护等方面的变更内容的日常学习，以完成知识更新。

二、从业准入

所谓从业准入，是指根据法律法规有关规定，从事涉及国家财产、人民生命安全等特种职业和工种的劳动者，须经过安全培训取得特种从业类资格证书后，方可上岗。对属于从业准入类的特种设备和特种作业岗位机种，学员应在岗位基础知识能力培训合格后，自觉接受政府和用人单位组织的安全教育培训，考取政府的特种从业类资格。

注意：目前擦窗机虽未列入国家特种设备目录，但由于该设备的安装作业往往在楼顶部位、采光顶篷、复杂结构空间等特殊场合，在悬空、外挑的结构安装、组装调试以及其他作业过程中，可能涉及住建部高处作业特种作业的规定，部分高层建筑工程因列入了危险性较大工程目录而在安全监管上有特殊规定。因此擦窗机从业者应密切关注如下两点：

1. 擦窗机安装阶段

可能涉及特种作业的工种人员应考取住建部门、安监部门规定的的特种作业资格证，以满足法规对特种作业的从业准入要求。

擦窗机用户和服务单位派驻安装服务人员时，应与现场业主和监理单位做好沟通，熟悉和掌握当地特种作业和从业准入等法规政策，做好本单位人员专业技术培训、安全交底、技术交底，熟悉施工方案，落实好安全应急预案，在本单位针对施工方案专门培训合格基础上，现场安装服务人员应获得现场岗位所需知识和操作能力，遵守工地管理规定，落实安全防护措施，经安全交底、主管授权等必要程序后，方可实施安装作业。

2. 擦窗机交付使用阶段

擦窗机操作使用中，相关岗位人员应经专门技术培训考核合格，经现场授权，具备资格后方可操作或上机。擦窗机操作不属于特种作业工种，按照设备有关标准、设备手册和使用规程的规定，设备操作人员应经设备制造商或服务商专业技术培训合格，由用人单位按程序考核录用，在施工现场熟悉作业方案和作业环境，接受安全技术交底，熟悉设备操作规程和设备安全告知，经现场主管授权后，方可进入作业场所上机操作。

三、知识更新与终身学习

知识更新与终身学习指社会每个成员为适应社会发展和实现个体发展的需要，贯穿于人的一生的持续的学习过程。知识更新与终身学习促进职业发展，使职业生涯的可持续性发展、个性化发展、全面发展成为可能。知识更新与终身学习是一个连续不断的发展过程，只有通过不间断的学习，做好充分的准备，才能从容应对职业生涯中所遇到的各种挑战。

建设机械施工作业的法规条款和工法、标准规范的修订周期一般为3～5年，而产品型号技术升级则更频繁，因此，建设行业的施工安全监管部门、行业组织均对施工作业人员提出了在岗日常学习和不定期接受继续教育的要求，目的是为了保证操作者及时掌握设备最新知识、标准规范与有关法律法规的变动情况，保持施工作业者的安全素质。

施工机械设备的操作者应自觉保持知识更新、终身学习和在岗日常学习等，以便及时了解岗位相关知识体系的最新变动内容，熟悉最新的安全生产要求和设备安全作业须知事项，才能有效防范和避免安全事故。

知识更新与终身学习提倡尊重每个职工的个性和独立选择，每个职工在其职业生涯中随时可以选择最适合自己的学习形式，以便通过自主自发的学习在最大和最真实程度上使职工的个性得到最好的发展。兼顾技术能力升级学习的同时，也要注意职工在文化素质、职业技能、社会意识、职业道德、心理素质等方面的全面发展，采用多样的组织形式，利用一切教育学习资源，为企业职工提供连续不断地学习服务，使所有企业职工都能平等获得学习和全面发展的机会。

第三节　职　业　道　德

一、职业道德的概念

职业道德是指所有从业人员在职业活动中应该遵循的行为准则，是一定职业范围内的特殊道德要求，即整个社会对从业人员的职业观念、职业态度、职业技能、职业纪律和职业作风等方面的行为标准和要求。属于自律范围，它通过公约、守则等对职业生活中的某些方面加以规范。

二、职业道德规范要求

建设部发布的《建筑业从业人员职业道德规范（试行）》，对从业人员相关要求如下：

1. 建筑从业人员共同职业道德规范

（1）热爱事业，尽职尽责

热爱建筑事业，安心本职工作，树立职业责任感和荣誉感，发扬主人翁精神，尽职尽责，在生产中不怕苦，勤勤恳恳，努力完成任务。

（2）努力学习，苦练硬功

努力学文化、学知识，刻苦钻研技术，熟练掌握本工种的基本技能，练就一身过硬本领。努力学习和运用先进施工方法，钻研建筑新技术、新工艺、新材料。

（3）精心施工，确保质量

树立“百年大计、质量第一”的思想，按设计图纸和技术规范精心操作，确保工程质量，用优良的成绩树立建安工人形象。

（4）安全生产，文明施工

树立安全生产意识，严格安全操作规程，杜绝一切违章作业现象，确保安全生产无事故。维护施工现场整洁，在争创安全文明标准化现场管理中做出贡献。

（5）节约材料，降低成本

发扬勤俭节约的优良传统，在操作中珍惜一砖一木，合理使用材料，认真做好落手清、现场清，及时回收材料，努力降低工程成本。

（6）遵章守纪，维护公德

要争做文明员工，模范遵守各项规章制度，发扬团结互相精神，尽力为其他工种提供方便。

提倡尊师爱徒，发扬劳动者的主人翁精神，处处维护国家利益和集体利益，服从上级领导和有关部门的管理。

2. 中小型机械操作工职业道德规范

（1）集中精力，精心操作，密切配合其他工种施工，确保工程质量，使工期如期完成。

（2）坚持“生产必须安全，安全为了生产”的意识，安全装置不完善的机械不使用，有故障的机械不使用，不乱接、乱拉电线。爱护机械设备，做好维护保养。

（3）文明操作机械，防止损坏他人和国家财产，避免机械噪声扰民。

第四节 知识体系

一、设备手册与供应商告知

（1）总体结构、使用环境要求、操作注意事项。

（2）悬挂机构部件及行走系统的结构及原理。

（3）导绳部件结构原理。

（4）吊船结构、安全措施和使用注意事项。

（5）控制系统。

（6）吊臂头的结构及工作原理。

（7）卷扬式及提升式擦窗机的结构与原理、重点检查事项与使用注意事项。

（8）钢丝绳的穿法、钢丝绳使用检查的基本要求。

（9）安全保护系统节点和检查方法。

（10）电控系统以及电控安全保护系统常识。

二、安全使用与日常检查要领

（1）擦窗机总体安全保障结构及使用方法。

（2）机器调试及简单维护方法。

（3）工作前的安全准备工作（参见使用操作手册或使用说明书）。
（4）设备操作方法。

三、危险预防与应对

（1）可能发生的紧急情况、故障及处置方法：
1）突然停电、断电。
2）乱绳、卡绳及如何判断。
3）如何处理乱绳、卡绳。
4）急停按钮的使用。
5）其他异常情况的处置。
（2）楼面人员如何处置作业人员发生的紧急情况。
（3）安全生产法律法规、施工方案、设备手册等注意事项。
（4）作业现场常见问题。

四、常见标准、工法和手册的日常运用

（1）安全生产法律法规。
（2）无脚手架安装作业施工工法、建筑装配化施工常识。
（3）施工方案、设备日常检查维护要求等。
（4）设备手册、使用说明书等。
（5）常用标准规范、操作规程。
（6）作业现场常见问答。

五、作业现场培训要领

包括并不限于如下由设备制造商提供的培训服务和岗位能力知识学习内容。

1. 操作能力

（1）起升箱内各操作键功能与操作（包括 PLC 面板各指示灯，反映的内容、工作状态）。
（2）吊船内各操作键功能与操作。
（3）后备制动器的复原操作。
（4）夹轨器的安装操作。
（5）紧急放下操作。
（6）手操器的使用操作。
（7）各行程开关的作用与调整。
（8）手动释放制动器的操作。

2. 安全培训

（1）安全绳、锁扣、锁扣器的安装与操作方法，安全带的佩戴方法（损坏的识别）。
（2）操作前必须检查的内容。
（3）操作人员的上岗条件。
（4）钢丝绳损坏的检验。

(5) 安全用电知识。

(6) 介绍工频电及低压电的位置。

(7) 介绍如何测试接地电阻。

(8) 安全操作的现场考核。

六、职业素养与安全习惯

1. 养成安全意识和岗位责任心

擦窗机一般在较高的建筑物顶部使用，通常主要作业区域为建筑物的外立面，对于高空落物的防范尤其重要。安装擦窗机的建筑周围一般都有比较集中的办公区、酒店或商业区，通常有较多的人流量及车辆往来等情况，任何麻痹大意都可能造成很严重的后果，因此强烈要求操作或使用人员要具备很强的安全意识和责任心。

2. 养成安全防护的良好习惯

在日常作业时，操作人员应明确、谨慎的操作设备，带齐必备的防范措施和装备（例安全带、安全帽、防风装置及对讲设备等），尽可能避免空中作业过程中设备与作业对象及邻近物体碰撞，严禁高空落物事故的发生。

3. 养成遵守操作规程、按使用说明书和施工方案作业的良好习惯

严格在吊船允许荷载限值和规定工况下实施作业，严禁超载。台车与吊船控制操作应在操作人员的视力范围内；设备运转时，楼面监护人员应密切关注来往车辆和行人；作业区域应有围挡或醒目的安全警示牌。

凡与擦窗机有关的上机、作业、维护、检查等均须经过现场主管方的授权后方可实施。

第二章　设　备　认　知

第一节　常　见　术　语

1. 擦窗机（Building Maintenance Unit，简称 BMU）

用于建筑物或构筑物窗户和外墙清洗、维修等作业的常设悬挂接近设备。

2. 悬挂吊船

通过钢丝绳悬挂于空中，四周装有围板或网板，用于搭载操作者、工具和物料的工作装置（简称吊船）。

3. 悬挂装置

用于悬挂吊船的装置（不包括轨道系统），通常由起升机构、在轨道或适宜运行表面（如混凝土通道）上行走的台车组成。安装有爬轨器的悬挂单轨或其他固定在建筑物上的装置（如插杆）也是悬挂装置。

4. 起升机构

安装在屋面悬挂装置（如台车）上用于起升和下降吊船的机构，主要有卷扬式起升机构、爬升式起升机构、双绞盘卷扬式起升机构、夹钳式起升机构等形式。

5. 台车

安装有行走轮可在轨道上（或特制的刚性表面）行走，用于支撑吊船的装置。

6. 轨道

安装在建筑物或构筑物某一层面（或立面），支撑并引导台车（或爬轨器）行走的装置。

7. 悬挂单轨

通常悬挑安装于建筑物的立面或层面下部，承受悬挂载荷并引导悬挂装置（如爬轨器）行走的轨道。

8. 爬轨器

安装有行走轮可沿悬挂轨道行走，用于悬挂吊船的装置。

9. 插杆

锚固在屋面或类似静止结构上用于悬挂工作钢丝绳和安全钢丝绳的装置。

10. 安全装置

主制动器：靠储存能量（如弹簧力）自动施加作用力，直至在操作者或自动控制下靠外部动力（通常是电磁力、液压力、气动力）使其释放的机械式制动器。

安全锁：直接作用在安全钢丝绳上，可自动停止和保持吊船位置的装置。

后备制动器：直接作用在卷筒、驱动盘或驱动轴端，可自动停止和保持吊船位置的装置。

防倾斜装置：检测并防止吊船沿纵向倾斜超过预设角度的装置。

无动力下降装置：动力驱动的吊船在失电情况下，可控制吊船手动下降的装置。

11. 物料（辅助）起升机构

独立于吊船，安装在悬挂装置（如台车）上用于起升和下降物料的机构。

12. 工作钢丝绳（悬挂钢丝绳）

承担悬挂载荷的钢丝绳。

13. 安全钢丝绳（后备钢丝绳）

通常不承担悬挂载荷，装有防坠落装置的钢丝绳。

14. 配重

安装在悬挂装置上以平衡倾覆力矩的重物。

15. 合格人员

经过培训，具有合格的知识和实践经验，接受过必要的指导，有能力并安全完成所需工作的指定人员。

16. 操作者

经过高空作业培训，具有合格的知识和实践经验，接受过必要的指导，有能力进行安全操作擦窗机的指定人员。

第二节　产　品　分　类

因建筑物维护作业对象复杂多变，擦窗机种类和形式也具有一定的特异性。按其安装方式，通常可分为：轨道式、轮载式、插杆式、滑梯式等，设备主参数为额定载重量。

典型擦窗机设备在建筑物的安装位置，如图 2-1 所示。

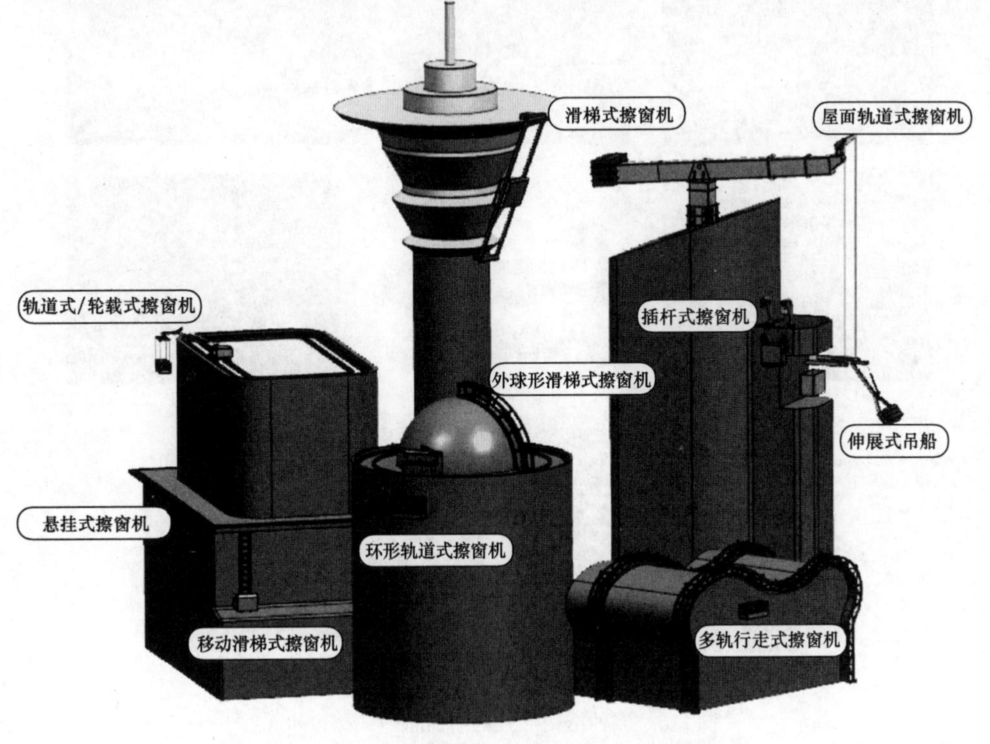

图 2-1　擦窗机安装应用部位示意图

一、屋面轨道式擦窗机

擦窗机行走轨道沿楼顶屋面布置，设备可沿轨道行走，完成建筑立面不同区域的作业需求。具有行走平稳、就位准确、使用方便、自动化程度高等特点。广泛使用于屋面布局较为规则、屋面留有足够的空间通道且楼顶屋面有一定的承载能力的建筑物，如图 2-2 所示，屋面轨道式擦窗机是目前应用最多的机器类型。

(*a*)

(*b*)

图 2-2　屋面轨道式擦窗机

（*a*）水平轨道擦窗机；（*b*）斜面轨道擦窗机

根据建筑外立面的结构特点，屋面轨道式擦窗机又可分为俯仰变幅、伸缩臂变幅、折臂式、小车变幅、立柱液压升降等多种结构形式，如图 2-3 所示。

(*a*) (*b*) (*c*) (*d*) (*e*)

图 2-3　多种结构形式的屋面轨道式擦窗机

（*a*）俯仰变幅式；（*b*）伸缩臂变幅式；（*c*）折臂式（含：复合折臂式）；（*d*）小车变幅式；（*e*）立柱液压升降式

二、附墙轨道式擦窗机

擦窗机行走轨道沿楼顶女儿墙布置，设备可沿轨道行走，完成建筑立面不同区域的作业需求，广泛使用于楼顶屋面有足够的空间通道且楼顶女儿墙结构满足一定承载能力要求的建筑物，如图 2-4 所示。

(a) (b)

图 2-4 附墙轨道式擦窗机

(a) 附墙圆形轨道擦窗机；(b) 附墙方形轨道擦窗机

三、悬挂轨道式擦窗机

擦窗机悬挂轨道沿建筑物墙外侧布置，设备可沿轨道行走，完成建筑立面不同区域的作业需求，具有行走平稳、就位准确、使用方便、自动化程度高等特点。广泛使用于带帽屋顶结构、建筑物造型复杂、楼面错综复杂、附墙轨道难以完成，且女儿墙要有一定的承载能力的建筑物，如图 2-5 所示。

图 2-5 悬挂轨道式擦窗机

四、轮载式擦窗机

擦窗机屋面行走通道沿楼顶女儿墙布置，设备可沿通道自由行走，完成建筑立面不同区域的作业需求，具有行走平稳、就位准确、使用方便、自动化程度高等特点。广泛使用于屋面布局较为规则、楼顶屋面满足一定空间通道要求，具有一定承载能力的屋面结构（刚性屋面）的建筑物，如图 2-6 所示。

图 2-6　轮载式擦窗机

五、插杆式擦窗机

插杆基座沿楼顶女儿墙或女儿墙内侧屋面布置。插杆换位作业需人工搬移，以完成建筑立面不同区域的作业需求。该型式擦窗机一般结构较为简单、制造成本较低，但插杆和吊船的作业移位比较繁琐、自动化程度和作业效率较低。通常使用于裙楼、楼顶层面较多、屋面空间窄小、要求造价较低的建筑物，如图 2-7 所示。

图 2-7　插杆式擦窗机

六、滑梯式擦窗机

滑梯结构按建筑物屋顶结构设计，可完成不同屋顶和立面的作业，滑梯行走可分为电动和手动两种形式。广泛使用于玻璃采光屋顶、球形结构、天桥连廊等建筑物的内外墙清洗和维护作业，如图 2-8 所示。

图 2-8　滑梯式擦窗机

第三节　规　格　参　数

一、擦窗机主参数

根据现行国家标准《擦窗机》GB/T 19154—2017 规定，擦窗机主参数为额定载重量，见表 2-1。

擦窗机主参数系列（单位：kg）　　表 2-1

名称	主参数系列
额定载重量	120、150、200、250、300、400、500、630、800、1000

二、擦窗机规格型号

擦窗机的型号由组、型、特性代号、主参数代号和变型更新代号组成，如图 2-9 所示。

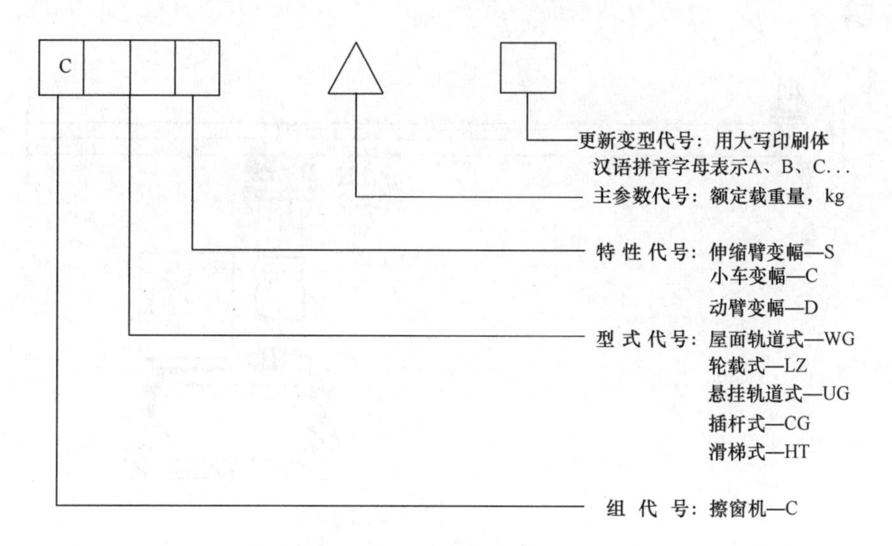

图 2-9　擦窗机规格型号标注方法

三、标记示例（引自《擦窗机》GB/T 19154—2017）

示例 1：额定载重量 200kg，屋面轨道式伸缩臂变幅擦窗机，标记为：
擦窗机 CWGS200　　　　　　　GB/T 19154
示例 2：额定载重量 300kg，屋面轨道式小车变幅擦窗机，标记为：
擦窗机 CWGC300　　　　　　　GB/T 19154
示例 3：额定载重量 250kg，轮载式动臂变幅擦窗机第一次变型产品，标记为：
擦窗机 CLZD250A　　　　　　　GB/T 19154
示例 4：额定载重量 150kg，悬挂轨道式擦窗机，标记为：
擦窗机 CUG150　　　　　　　GB/T 19154
示例 5：额定载重量 200kg，插杆式擦窗机，标记为：
擦窗机 CCG200　　　　　　　GB/T 19154
示例 6：额定载重量 200kg，滑梯式擦窗机，标记为：
擦窗机 CHT200　　　　　　　GB/T 19154

第四节　构　造　原　理

擦窗机最典型的特点是需定制和非标设计型机电设备，由于建筑物的高度、外观、立面结构形式、楼顶空间尺寸的差异，因此也很难找到两台完全相同的擦窗机。

目前国内外高层建筑擦窗机，以屋面轨道式擦窗机的使用最为广泛。

一、基本构造

本节介绍几种常见的擦窗机基本构造，如图 2-10～图 2-15 所示。

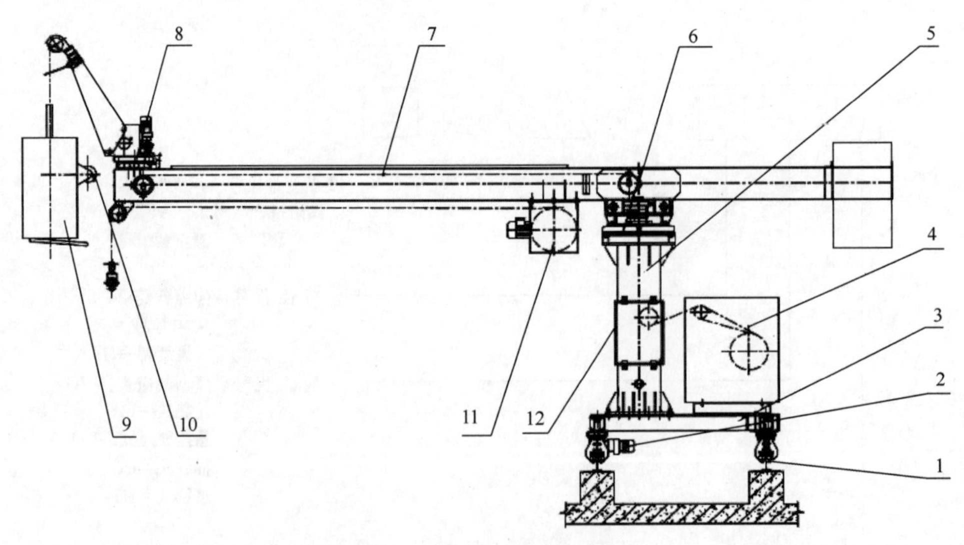

图 2-10　屋面轨道式擦窗机

1—轨道；2—行走机构；3—底架；4—起升机构；5—立柱；6—主臂回转机构；7—吊臂；8—臂头回转机构；9—吊船；10—靠墙轮；11—物料起升机构；12—电气控制系统

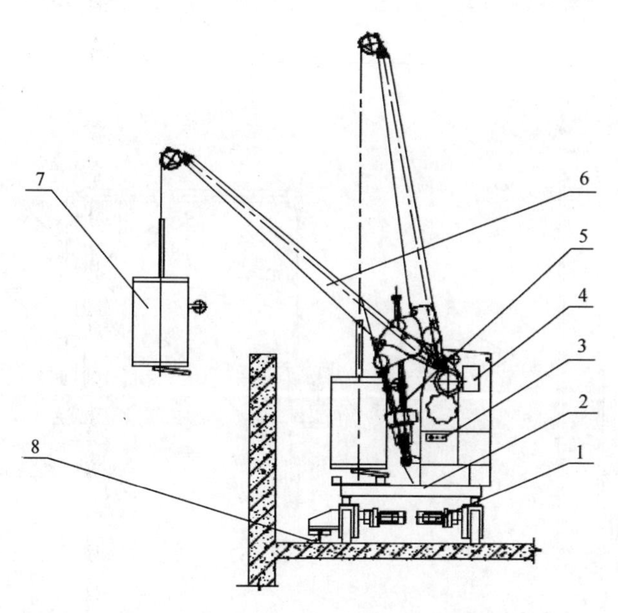

图 2-11　轮载式擦窗机

1—行走机构；2—底架；3—电气控制系统；4—起升机构；
5—变幅机构；6—吊臂；7—吊船；8—导向轨道

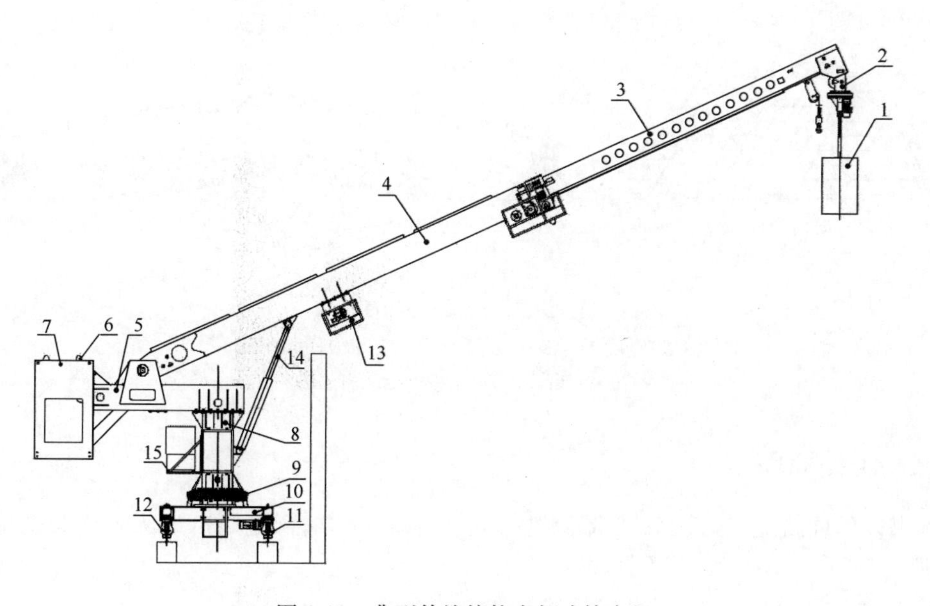

图 2-12　典型伸缩俯仰变幅式擦窗机

1—吊船；2—臂头回转机构；3—伸缩臂；4—固定臂；5—平衡臂；6—配重；7—起升机构；
8—立柱；9—回转机构；10—底架；11、12—行走机构；13—物料起升机构；
14—变幅油缸；15—液压泵站

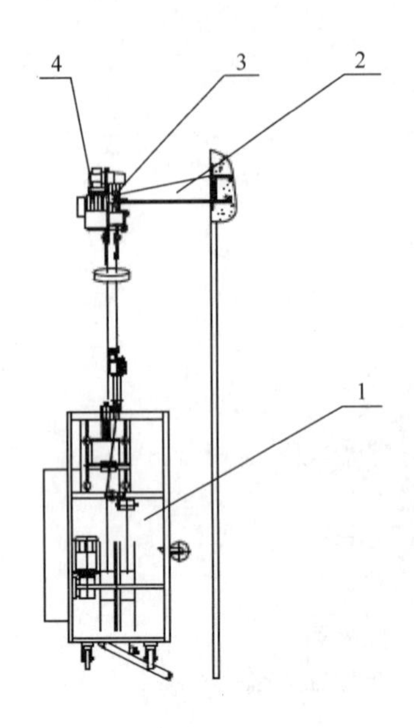

图 2-13　悬挂式擦窗机

1—吊船；2—轨道支架；3—悬挂轨道；4—爬轨器

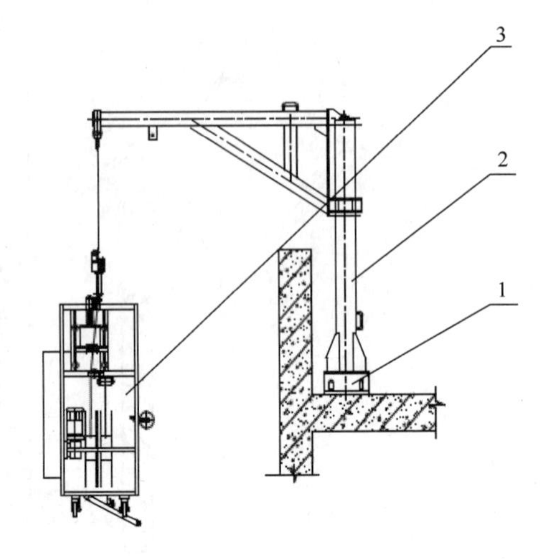

图 2-14　插杆式擦窗机

1—插杆基座；2—插杆；3—吊船

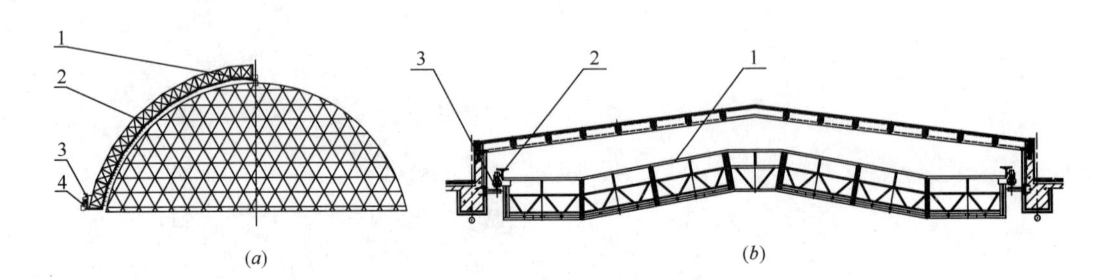

图 2-15　滑梯式擦窗机

(*a*) 1—回转机构；2—爬梯；3—行走机构；4—轨道；

(*b*) 1—台架；2—行走机构；3—轨道

二、工作原理

本书以屋面轨道式 CWG250 擦窗机（立柱升降、伸缩臂变幅）为例介绍典型擦窗工作原理。

1. 基本参数

额载 250kg，玻璃起吊载荷 300kg，最大工作长度 28m，升降高度 2m，轨距 4m。

2. 设备主要构成

擦窗机一般由轨道、台车、立柱、吊臂、平衡臂、配重、吊船、电气控制系统等组成，如图 2-16 所示。

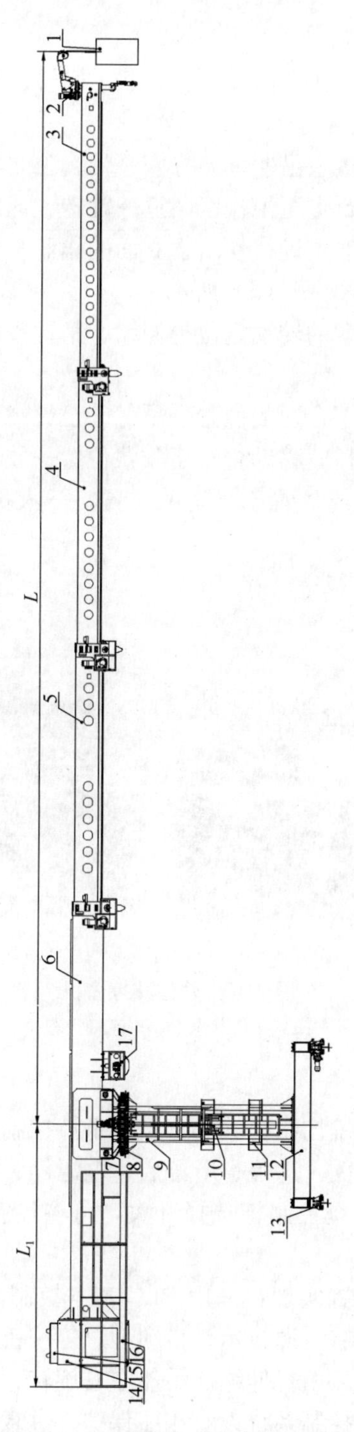

图 2-16 屋面轨道式擦窗机结构图

1—吊船；2—臂头回转机构；3—一级伸缩臂；4—二级伸缩臂；5—三级伸缩臂；6—基础臂；7—吊臂座；8—回转机构；9—上立柱；10—起升油缸；11—下立柱；12—底架；13—行走轮；14—起升机构；15—配重；16—检修平台；17—物料起升机构

3. 工作原理

（1）机械部分

该型擦窗机产品具有6个工作自由度：行走、主回转、吊臂伸缩、臂头回转、吊船升降、立柱升降。

基本工作流程：施工人员进入吊船→系好安全带、独立安全绳→升高立柱，将吊船提升至一定的距离→设备沿轨道行走至工作区附近→旋转、伸出吊臂、旋转吊臂头，使吊船贴近和平行于作业面→升降吊船，进行建筑物立面的作业，一般垂直面完成后，将设备行走至另一垂直面继续作业。如图2-17(*a*) 所示。

调整台车的行走位置、吊臂的转动定位与伸缩、吊臂头的转动定位、吊船的升降，可将吊船调整至最佳工作位置。

工作完成后→将吊臂伸缩至合适的位置→吊船升至最高位置→旋转吊臂、臂头，使吊臂平行于轨道、吊船垂直于轨道→移动台车至收藏位置→放下吊臂和吊船，使吊船触及停放面（吊船可垂直于轨道放置或放置于指定的位置）→人员离开吊船，设备处于收藏状态。如图2-17(*b*) 所示。

(*a*)

(*b*)

图2-17　轨道式擦窗机

(*a*) 工作状态；(*b*) 停机状态

（2）电气部分

控制系统一般由主电气系统控制柜（部分设有手持控制盒）和吊船（远程）控制盒组成，主电控柜设有电源钥匙开关、急停、电源启、电源停、吊具上、吊具下等按钮以及蜂鸣器；设有远近程控制电气系统控制柜选择开关，可将控制权分别交给主控或吊船远程控制。

控制功能一般采用如下配置实现：采用PLC基本控制，接触器执行控制、行走变频器控制。主电控柜内门板上设有电源指示、自锁型急停按钮、蜂鸣报警器、显示器、启动按钮等。主控设有台车左右行、吊臂伸缩、吊船左右旋转、吊船上升下降、吊具上升下降等按钮以及自锁式急停按钮。控制系统设有相序保护、过载保护、短路保护等安全保护以及故障显示。如图2-18所示。

一般情况下，擦窗机使用说明书中提供包括如下控制功能程序模块的详细介绍。

1）行走机构；

2）立柱旋转控制；

 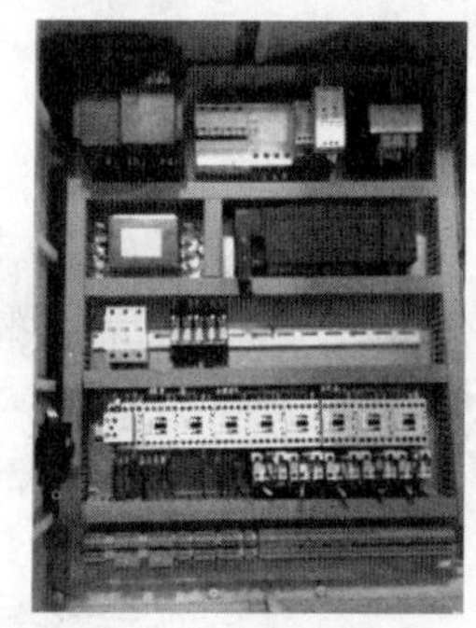 

图 2-18 轨道式擦窗机控制柜实物图（示例）

3）吊船旋转控制；
4）吊船运行控制；
5）卷扬提升机控制；
6）吊臂伸缩控制；
7）立柱升降控制；
8）物料起升吊具控制；
9）显示器。

注意：针对不同机型，在工程实践中，读者应具体查阅制造商设备手册，按使用说明书规定程序实施电气操作。此处不展开叙述。

4. 主要部件传动路线

（1）卷扬机构：单卷筒、四钢丝绳传动系统。如图 2-19 所示。

传动顺序：卷扬驱动装置（卷扬电机）→齿轮传动→卷筒→四钢丝绳→排绳机构→经导向轮导向→通过臂架导向轮连接到吊船→吊船上下运动。

图 2-19 擦窗机卷扬机构实物图

（2）行走机构：主机沿轨道行走、改变作业位置。如图 2-20 所示。

传动顺序：行走驱动电机→减速机→行走轮→沿轨道行走。

图 2-20 擦窗机行走机构（台车）实物图

（3）主回转机构：主机通过回转，使工作平台伸出或收回楼面。如图 2-21 所示。

图 2-21　擦窗机主回转机构实物图

传动顺序：回转电机→减速机→回转支撑→立柱→主机回转运动。

(4) 臂头回转机构：吊船通过臂头回转机构使吊船回转并靠近立面进行作业。如图 2-22所示。

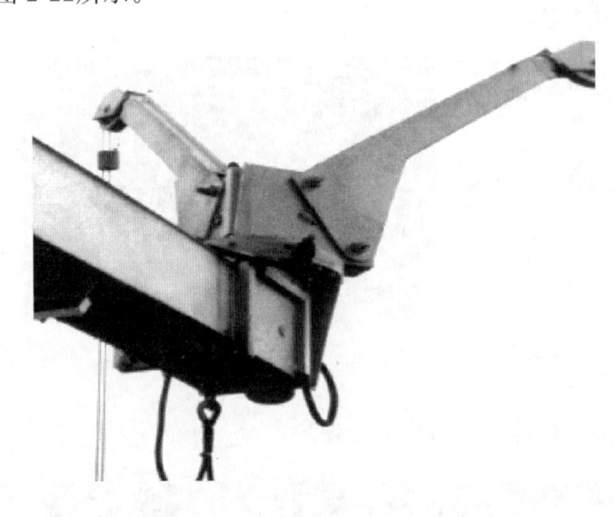

图 2-22　擦窗机臂头回转机构实物图

传动顺序：臂头回转驱动电机→减速机→回转支撑→工作小臂（羊角臂或燕尾臂）回转→吊船回转。

(5) 立柱升降机构：通过液压油缸伸缩使立柱升降，实现整机高度的上升或下降。如图 2-23所示。

传动顺序：液压站电机→油泵→油缸→立柱。

(6) 吊臂伸缩机构：通过伸缩机构使吊臂伸缩，使吊船远离或靠近立面进行作业。如图 2-24所示。

传动顺序：驱动电机→减速机→齿轮齿条传动→吊臂伸缩；或液压电机→油泵→油缸→吊臂伸缩。

(7) 吊臂附加装置（物料玻璃工作吊钩）：采用单卷筒，单钢丝绳传动系统。工作平台上极限位置由限位开关自动控制。如图 2-25 所示。

传动顺序：卷扬电机→减速机→齿轮传动→钢缆卷筒→单钢丝绳→通过臂架导向轮连接到吊钩→吊钩上下运动。

图 2-23 擦窗机立柱升降机构实物图

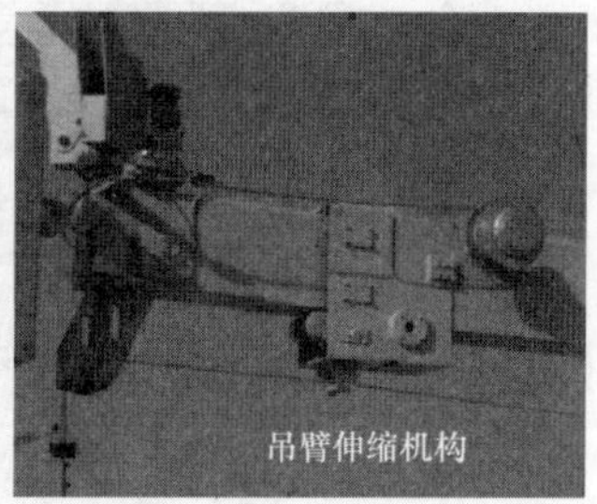

图 2-24 擦窗机吊臂伸缩机构实物图

图 2-25 擦窗机吊臂附加装置（物料玻璃工作吊钩）实物图

三、主要部件

1. 台车部件

台车部件是擦窗机的基础部件，安放于轨道之上，分别装有 2 套主动行走部件和 2 套随动行走部件，在主动行走部件的驱动下，台车以 6～7m/min 的速度进行行走动作。随动行走部件安装在随动摆腿上，可非常灵活地在轨道上行走。行走电机通过变频器进行控制，使启动、行走、停止十分平稳。行走部件在移动时通过导缆器、电缆卷筒收放电缆进行供电。如图 2-26 所示。

行走部件通过回转法兰座与台车固定连接，箱体可围绕回转法兰座为圆心进行旋转运动，导向部件沿着轨道的变化带动箱体回转，实现行走部件沿轨道变向，带动整台擦窗机沿轨道移动。台车行走过程中如发生意外，防倾装置可以防止台车的倾覆。当有预报将发生重大气象变化状况时，需将卡轨器锁紧，以防擦窗车在大风作用下发生位移。擦窗车在结束工作停泊时，需锁紧卡轨器，并在使用时及时松开卡轨器。如图 2-27 所示。

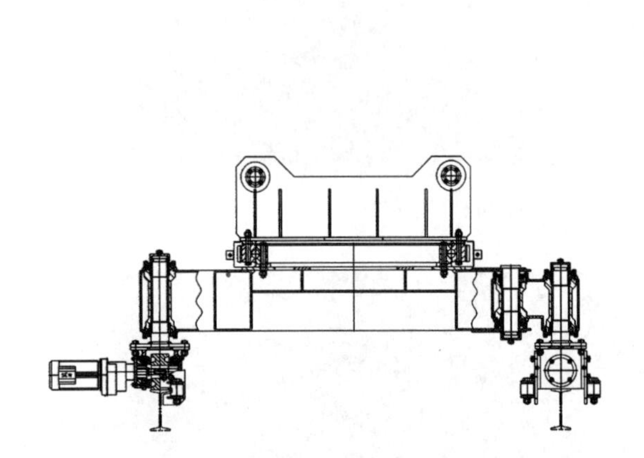

图 2-26　轨道式擦窗机台车机构图

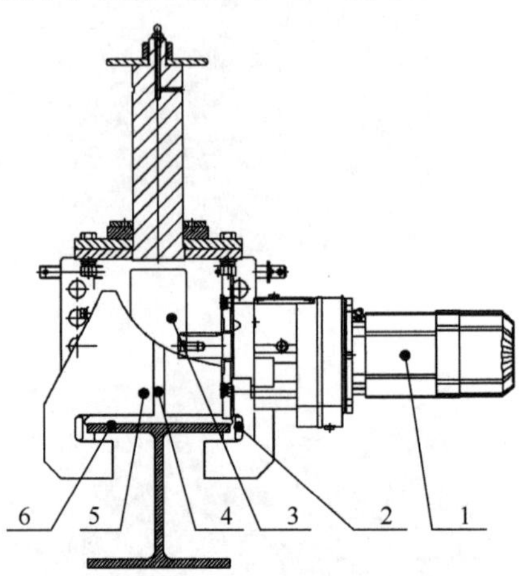

图 2-27　轨道式擦窗机主动行走部件

1—驱动电机；2—导向轮；3—行走轮；4—轮架；5—勾板；6—轨道

2. 升降立柱与主回转

升降立柱系统由固定立柱、内升降立柱、升降驱动油缸、回转支撑、回转驱动、回转限位、升降导轮等组成。升降液压缸驱动升降，立柱完成立柱的升降运动。

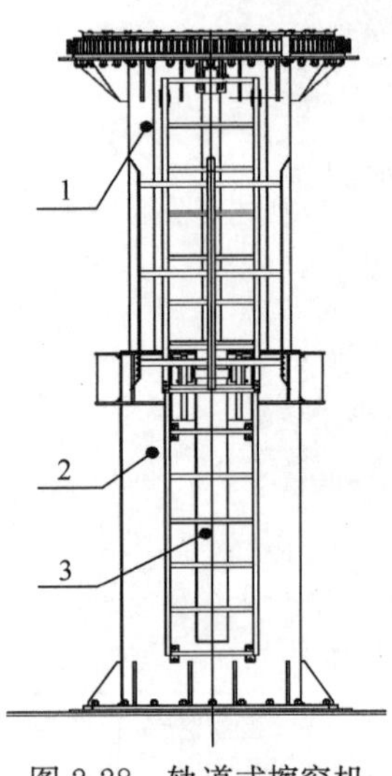

图 2-28　轨道式擦窗机升降立柱

1—上（内）立柱；2—下立柱；3—升降油缸

立柱上端通过回转支撑与吊臂连接，下端与台车连接，通过装在驱动减速电机上的小齿轮与回转支撑做行星运动，带动吊臂做回转运动。如图 2-28～图 2-30 所示。

3. 伸缩吊臂

为了满足擦窗机工作和存放于有限空间的要求，很多擦窗机采用多级伸缩臂如图 2-31 所示。

伸缩臂的伸缩方式分为：独立伸缩和同步伸缩两种类型。下面分别介绍擦窗机独立伸缩与同步伸缩结构伸缩臂及其原理。

（1）独立伸缩结构

独立伸缩臂的每个伸缩节有一个独立驱动单元，伸缩工作原理如图 2-32 所示，吊臂在伸缩过程中，各节臂均能独立进行伸缩，独立伸缩机构显然可以完成顺序伸缩。特点是构造简单、成本低。

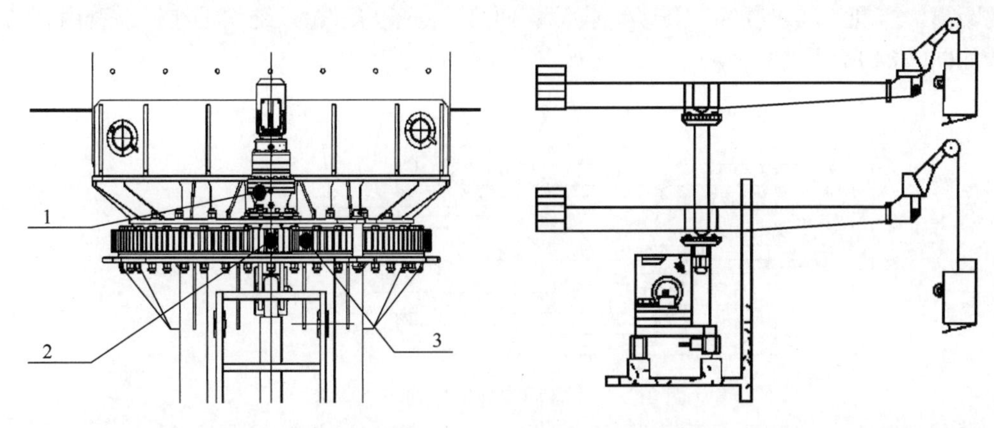

图 2-29 轨道式擦窗机立柱旋转

1—驱动电机；2—齿轮；3—回转支撑

图 2-30 轨道式擦窗机立柱升降工作示意图

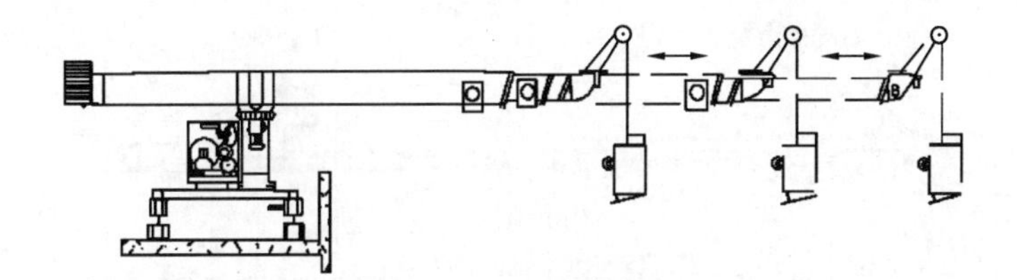

图 2-31 伸缩臂擦窗机

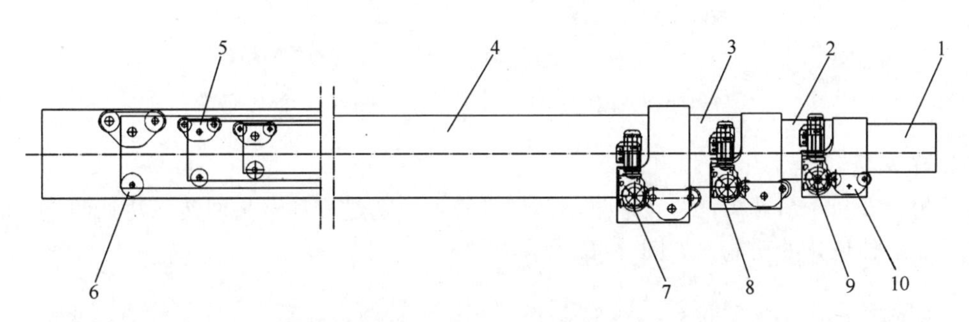

图 2-32 独立伸缩原理图

1—一级臂；2—二节臂；3—三级臂；4—四级臂；5—支撑轮；
6—支撑轮；7—驱动单元；8、9—驱动单元；10—总阻力

(2) 四级同步伸缩结构

液压油缸驱动的四级同步伸缩结构工作原理，如图 2-33 所示。伸缩液压缸的活塞杆与第二节臂头部铰接，缸筒前部与第一节臂头部铰接，伸出链条 6 一端与基本臂头部 A 点相连，另一端绕过滑轮 8 与三节臂尾部相连。伸出链条 9 一端与二节臂头部 C 点相连，另一端绕过滑轮 10 与四节臂尾部相连。当液压缸推动二节臂伸出时，滑轮 8 与 A 点的距离增加，因为链条 6 的长度不变，所以 B 点到滑轮 8 的距离减小，即在二节臂相对于基本臂伸出的同时，三节臂也相对二节臂伸出了同样的距离，因为链条 9 的长度不变，所以 D 点到滑轮 10 的距离减小。那么，四节臂也相对于三节臂伸出了同样的距离，于是实现了同步伸出。当液压缸带动二节臂回缩时，由于收缩链条 3、5 的拉动，三、四节臂回缩了

同样的距离，实现了同步收缩。传动（收缩、伸出）链条与滚轮系统均设在伸缩臂内，具体布置如图 2-34 所示。

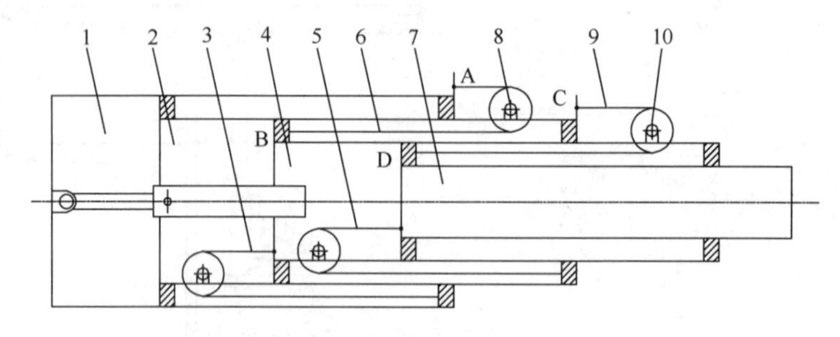

图 2-33 主臂同步伸缩原理图

1—基本臂；2—二节臂；3—收缩链条；4—三节臂；5—收缩链条；6—伸出链条；7—四节臂；8—滑轮；9—伸出链条；10—滑轮

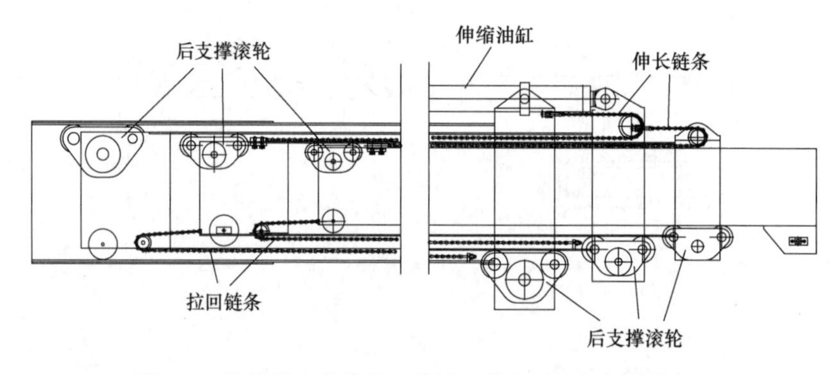

图 2-34 伸缩臂内的传动（收缩、伸出）链条与滚轮布置

4. 羊角臂部件

羊角臂安装于吊臂头，两者通过回转部件连接，通过驱动臂头回转以达到调整吊船与工作立面最佳位置的功能。如图 2-35 所示。

图 2-35 轨道式擦窗机羊角臂

5. 悬挂吊船

悬挂吊船一般通过钢丝绳悬挂于空中，四周装有围板或网板，用于搭载操作者、工具和物料的工作装置，主要分为以下几种：

（1）单吊点吊船：通过钢丝绳与一个悬挂点连接的吊船；

（2）双吊点吊船：通过钢丝绳与两个悬挂点连接的吊船；

（3）多吊点吊船：通过钢丝绳与三个或多个悬挂点连接的非铰接式吊船；

（4）悬臂吊船：底板延伸超出悬挂点的吊船；

（5）悬吊座椅：通过钢丝绳与一个悬挂点连接，用于单人作业的座椅。

吊船设有下行遇障保护、碰壁保护、超载保护、远程手持控制盒。可以控制设备的行走、吊臂回转、伸缩、羊角臂的回转、吊船的升降、立柱升降等 6 个自由度（某些操控功能需在吊船上行至最高上限位时有效）。

常用的双吊点吊船采用 4 根穿绳结构，其中 2 根为工作钢丝绳，另外 2 根为安全钢丝绳。吊船设有专用的人员进出门，方便操作人员进出。进出门只能向内开启，设有卡锁装置，人员进入载人仓后，必须将卡锁装置落锁。某些操作功能需在吊船上行至最高上限位时有效。如图 2-36 所示。

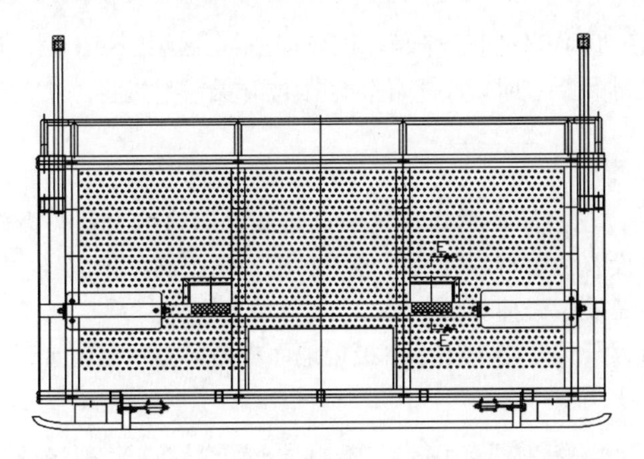

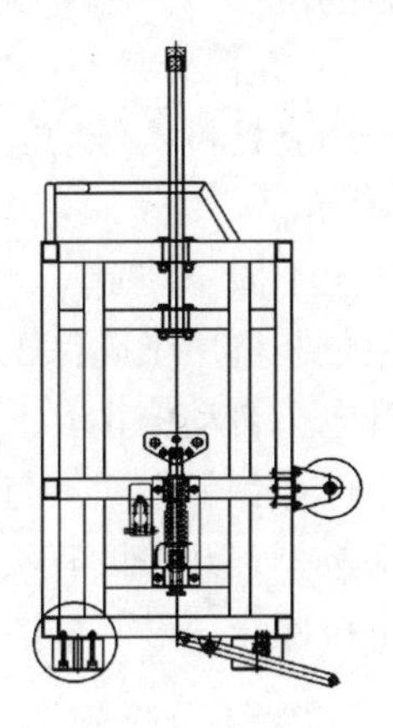

图 2-36　轨道式擦窗机双吊点吊船机构图

四、主要安全装置和作用

1. 起升机构内的常用保护装置

起升箱内设计了常用保护装置。起升箱内主要机构布局，如图 2-37 所示。

（1）防松绳装置

为了防止钢丝绳始终保持张紧、不松绳，设备内设有防松绳装置。当工作平台碰到墙面障碍物或已到地面，防松绳装置马上发出信号，使起升电机停，制动器止住，使绳筒停止旋转运动。如图 2-38 所示。

（2）钢丝绳保护装置

1）防断链保护装置：当驱动双向丝杆的传动链断链时，其装置行程开关常开信号转为闭合，发出停止信号，以防止由于链传动坏后破坏其他机械设备。

图 2-37　起升箱内主要机构布局

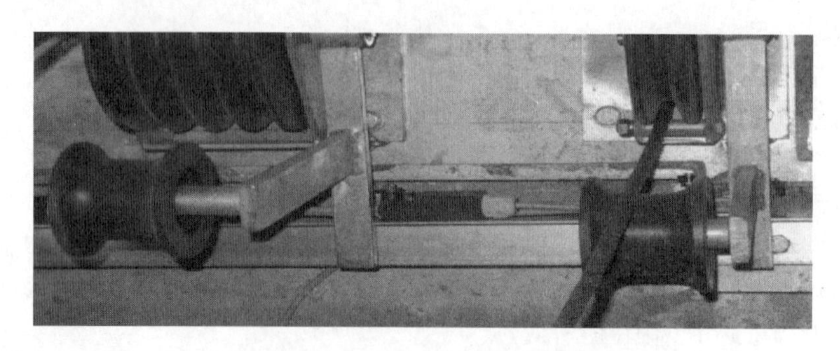

图 2-38　钢丝绳防松防断绳装置

2）防脱槽保护装置：该装置为防止由于钢丝绳在绳筒内未按正常卷绕而跳出绳筒的一种保护装置，以使机器能始终按其正常规律卷绕钢丝绳，从而达到工作平台正常做垂直运动的目的。

3）防乱绳保护装置：当卷扬机构钢丝绳乱绳时，钢丝绳压杆碰触限位开关，整机停止工作。当卷扬机构传动链条松链和断链时，小链轮轴触限位开关，整机将停止工作。如图 2-39 所示。

（3）上下限位装置

上限位装置用于确保工作平台连接杆在达到预定最高位置，即将撞上臂头滑轮外壳时，起升电机自动停止。上限位设有两个行程开关，能很灵敏发出正确停止信号，同时也确保了工作平台下平面不与女儿墙发生碰撞。

下限位行程开关设有两个行程开关，当工作平台抵近地面或最下方预定位置时，即发出起升电机停止信号。如图 2-40 所示。

图 2-39　钢丝绳防乱绳跳槽装置

图 2-40　防断链保护及上下限位装置

（4）超速保护装置

起重保护装置的功能如下：当工作平台运行速度超过额定速度的 150%时，超速保护装置发出动作保护信号，使制动器立即止住绳筒，同时发出起升电机停止信号。起升机构设有电器控制箱及 PLC 控制系统，设计了与工作平台进行通信的闭路电话，设有警示警铃等。

擦窗机吊船上下工作速度为 8m/min。若电机齿轮等传动件失效，致使平台下降速度达到 12m/min，超速保护装置开始起作用，蜂鸣器报警，平台停止下降。图中右侧面板上设有应急复位按钮，一般为绿色，如图 2-41所示。

图 2-41 超速保护装置

设在起升箱内的警示警铃起两个作用：当整个擦窗机在轨道上行走或大臂在回转时，发出警示信号；当工作平台需与楼面进行电话联系时，也可通过本警示警铃发出信号，告知楼面作人员接听相关讯息。注意：以上两个警示警铃信号发出的声音是有区别的。

2. 限位开关和其他保护装置

（1）上升限位

擦窗机的悬吊吊船上升到固定止挡位置时，将停止上升动作，如图 2-42 所示。

（2）超载保护

擦窗机在使用时，当吊船内载荷超过额定载荷时，超载限位开关动作，切断主机总电源，蜂鸣器报警，主机各动作停止运行，此时就需减少工作平台内载荷，以达到小于额定载荷限值之下的正常工作状态，此时限位开关复位，使整机恢复正常工作状态。如图2-43所示。

图 2-42 上升限位

图 2-43 超载限位开关

（3）超速保护

擦窗机在使用中悬吊吊船下降，若悬吊吊船下降速度超过正常工作速度时，擦窗机的机械制动器将强制起作用，并迅速将卷扬机强制制动以停止吊船的下降速度。如图 2-44所示。

(4) 防撞保护装置

当吊船下降工作中，若吊船下部防撞杆碰到窗户、阳台等凸出物，则触发限位开关起作用，吊船下降动作停止，防止吊船发生倾翻。此时通过电控系统联锁控制，使吊船只能向上运行，排除障碍物达到安全状态后，吊船方能向下运行。如图 2-45 所示。

图 2-44 超速保护——机械制动器开关

图 2-45 防撞保护装置

(5) 回转限位保护装置

当上回转机构向左右方向回转至限极位置时，触发限位开关起作用，为回复到安全状态，通过电气联锁控制，此时回转机构上部只能反方向回转运行。如图 2-46 所示。

(6) 吊船手动释放装置

当工地断电或擦窗机设备电路出现故障时，屋面上的操作人员可打开卷扬机箱后门，将卷扬电机减速机的制动销插入电机制动槽孔中，把制动器打开，使平台慢慢自由滑降下降至地面。如图 2-47 所示。

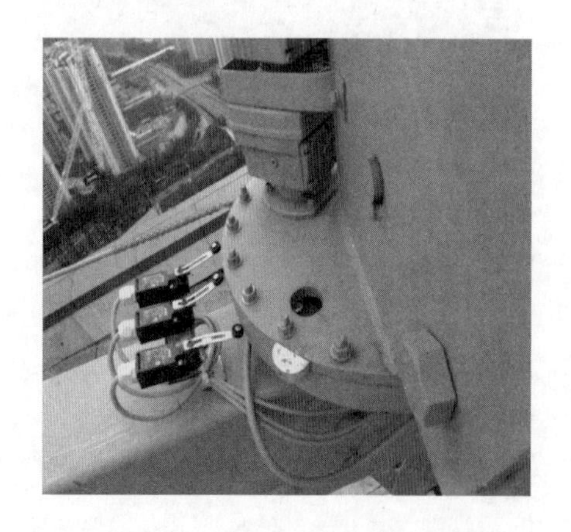

图 2-46 回转限位保护装置

图 2-47 吊船手动释放装置（制动销插入电机制动槽孔中的状态）

(7) 急停按钮

擦窗机必须要安装紧急停止按钮，防止意外的紧急状况出现。紧急停止按钮安置在吊船和屋面台车主控制面板上。急停按钮为红色搭配黄边按钮，一般位于操作面板显著位置，标注有紧急、停止等（中英文）字样。如图 2-48 所示。

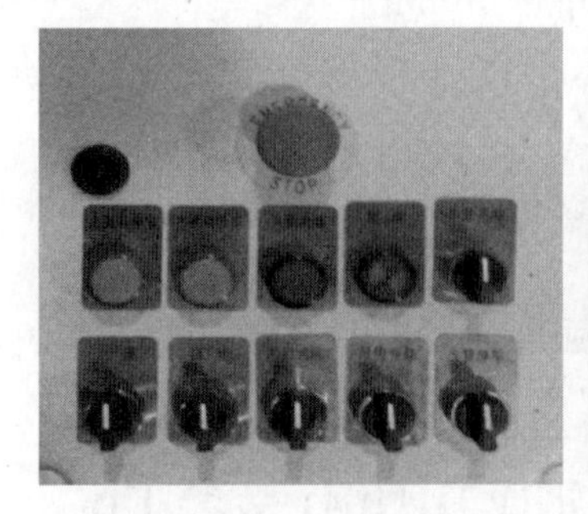

图 2-48　急停按钮（位于操控面板醒目位置）

（8）防倾翻保护装置

擦窗机轨道上装有防倾装置，该防倾装置将轨道与台车上的四个行走机构相连，对擦窗机的状态进行约束，能有效防止擦窗机设备发生倾翻风险。如图 2-49 所示。

（9）电气元件保护

擦窗机装有磁热电流保护器，靠磁热电流保护器给予擦窗机所有电气元器件加以保护。

（10）下降安全杆

擦窗机为了保证下降安全装设了下降安全杆，当吊船下降途中遇障碍物时，下降安全杆被触发动作，下降动作将被停止，从而消除危险状态。如图 2-50 所示。

图 2-49　防倾翻保护装置（夹轨器）

图 2-50　吊船下降安全杆

第五节　安　装　组　装

本节以水平轨道式擦窗机为例，进行介绍。其他产品可参阅设备手册。

擦窗机安装前应由业主、设计、施工总承包单位共同确认安装图纸、技术资料和施工组织设计。设备安装承包商应具备相应的资质能力，经擦窗机制造商专门培训并获得认可后，方可实施安装任务。

一、擦窗机进场后，应对照安装方案复核现场安装条件

一般情况下，建筑设计应满足擦窗机如下安装条件上的要求：

（1）建筑物应能承受擦窗机及其附件重量，并须经过注册主建筑师的批准。

（2）建筑物在设计和建造时，应便于擦窗机安全安装和使用。

（3）安装擦窗机用的预埋螺栓直径不应小于16mm。

（4）为保证吊船在建筑物表面正常运行，当作业高度超过30m时宜配置固定的导向装置（设备自带除外）。

（5）在建筑物的适当位置，应设置供擦窗机使用的电源插座。该插座应防雨、安全、可靠。紧急情况能方便切断电源。

（6）擦窗机与建筑物间应有足够的连接强度，其作用于建筑物的最大荷载不应超过建筑物受力的允许值。

二、轨道支撑系统（预埋件、工字钢或H型钢）安装工序

工序内容：现场测量放线、安装预埋件、定位支模、浇筑养护、基座成型、工字钢轨安装。擦窗机轨道选用工字型钢或H型钢，一般将轨道直接焊接在预埋钢板上，轨道安装完成后基座与屋面统一做防水处理，最终完成擦窗机轨道系统。

1. 测量放线、固定埋件

根据标高基准线测量放线，确认埋件标高线，再根据埋件与轴线的水平位置确认埋件水平位置，将埋件正确放置核对无误后，对埋件进行绑扎或点焊接处理。

对钢筋框架全部绑扎完毕后，对埋件与结构钢筋进行焊接作业。焊接完毕后复测所有埋件位置，对超过偏差范围的埋件进行调整，必要时重新焊接，防止浇筑中埋件偏移，确保所有埋件高度偏差在±3mm、左右偏差在±10mm范围内。混凝土浇筑前，现场监理单位、设备安装方现场隐蔽验收，形成隐蔽验收记录。

现场轨道支座预埋件由设备服务方负责提供，支座配筋由建筑设计方负责审核。现场预埋和浇筑混凝土一般由土建单位配合设备服务方完成。测量放线、安装预埋件、定位支模、浇筑养护、基座成型等场景，如图2-51所示。

(*a*)

(*b*)

(*c*)

图2-51　擦窗机轨道的安装

(*a*) 安装预埋件；(*b*) 定位支模、浇筑养护；(*c*) 基座成型

2. 轨道安装

擦窗机行走轨迹为曲线、斜线时，设计有曲面、斜面异型轨道，如图2-52所示。

擦窗机轨道采用工字钢轨道，安装主要包括：定位、调平、焊接、焊口处理四个步骤。

（1）轨道定位

根据轨道布置图和安装图样尺寸要求，确定水平位置；采用米尺、水平尺、水平仪等

(a)　(b)　(c)

图 2-52　擦窗机的轨道系统
(a) 水平轨道；(b) 曲面轨道；(c) 斜面轨道

符合规定的量具，测录每个轨道与钢结构支撑处/埋件的标高，记录每个基座数据并做好标记。

(2) 轨道调平

将轨道按图放置完毕后，对标高偏差大于±3mm 的基础部分，宜增加调平板，调整达到预定要求，之后对轨道进行点焊固定。

(3) 轨道焊接

复测点焊完毕后的轨道，对超过误差范围的予以纠正，使轨道接口处高度偏差保持小于 2mm，左右偏差小于 2mm 范围内，轨道长度方向 6m 范围内的高度偏差保持小于 10mm，左右偏差小于 10mm 范围内。复测通过后，保证轨道平直一致，即可进行轨道对接焊接作业，轨道与基础支撑板/埋件的焊接、轨道对接处焊接均按三级焊缝处理。焊接用的焊机、焊条、焊接程序等应符合安装方案要求。焊接必须保证焊接质量，构件须焊透，不得有焊穿、夹杂、气孔等焊接缺陷。焊缝须保证达到安装图纸和安装方案要求的规定高度，焊缝表面美观，不得有焊瘤。

(4) 焊口处理

按照施工质量验收标准的要求，对焊缝位置进行打磨和除锈。设备安装现场代表安排自检并做好记录。邀请现场监理进行隐蔽工程验收，通过后立即进行防锈及表面刷漆处理。焊缝清除干净后，一般刷涂两遍防锈漆、两遍银粉面漆。

焊接质量控制要点如下：

1) 轨道在任意 6m 长度区间内的标高差不大于 10mm；

2) 轨距偏离额定值不大于 10mm；

3) 两平行轨道的同一截面轨面标高差不大于 4mm；

4) 轨道接口上表面和翼缘应磨平。轨道接口错位不大于 2mm；

5) 焊接不得有夹渣、气孔、咬肉等缺陷，焊接高度不小于按设计图样要求；

6) 轨道焊接部位应涂防锈底漆两遍后再刷银粉漆各两遍。

三、擦窗机部件出厂后的施工现场二次装配工序

轨道布设安装完成后，进入擦窗机组件吊运、组装、装配、安装调试阶段。设备制造商擦窗机部件货物运达现场后，现场代表应邀请业主、监理等有关授权方，共同见证拆箱，检查外观，确认随机文件是否完整（一般应包括：设备各单元机械图、设备电气元件

布置图、润滑部位图、电气原理图、液压原理图、电气和液压图符号说明等)。按照设备清单和供货合同等，现场核实入场产品部件是否符合图纸要求，确认后方可进入施工安装工序。

运抵现场的擦窗机设备及部件一般由工地起重机配合吊至楼顶面。主要工序包括：

1. 入场人员安全培训和安全交底，擦窗机主要部件器具进场、准备吊运到楼顶。如图 2-53 所示。

图 2-53　准备工作

2. 按施工方案要求，搭设脚手架，利用塔式起重机或布设钢拔杆，完成部件吊装，如图 2-54 和图 2-55 所示。

图 2-54　协调起重机将部件吊运到指定部位

图 2-55　按照批准的方案搭设脚手架，布放吊装机具

3. 按设备说明书和装配方案，完成台车、立柱、臂架、回转、吊船等主要装置装配定位，现场安装工作主要是销轴和螺栓的正确连接。如图 2-56 所示。

主要安装顺序如下：

(1) 四个行走轮

行走系统在屋面组装完毕，拧紧各部件螺栓，吊装至平行工字钢轨道之上。

(2) 底架

将底座吊装至工字钢轨道之上，并与四个行走轮固定。

图 2-56 主要装置的装配定位

（3）立柱

吊装设备立柱与设备底盘回转圈的螺孔连接，对中所有螺孔，控制好回转电机与齿圈的配合间隙，然后紧固所有螺栓。

（4）配重臂

利用起重设备将横臂安装于立柱上端的回转机构上，穿好螺丝拧紧。之后组装卷扬机箱并固定于横臂后端。

（5）机房和配重安装

遵守安装合同书，与甲方确认土建现场尺寸，检查落实擦窗机专用存放机房的条件，遵循设备安装说明书，检查配重块数量规格，按图进行配重组装并固定。

（6）臂头和吊船

利用起重设备将臂头安装于横臂的前端，穿轴销固定好之后，安装臂头回转机构。将卷扬机箱钢丝绳拉出，串联整个横臂至前端，悬挂好吊船，安装辅助起吊机构。

（7）控制箱安装及调试

在行走底架上安装电控箱，连接整机电气系统。利用临时电源实施整机调试，设备在现场试验主要动作并试运行，调整各部位偏差。

4. 工程安装完成后，撤除脚手架和安装机具。遵循设备安装合同书的验收要求，依据设计文件和《擦窗机安装工程质量验收标准》JGJ/T 150—2018 等，对擦窗机进行系统调试和检测，并填写安装调试自检记录，作为重要工程文件存档。整机调试自检合格后，由业主委托具备资质和能力的专业单位检测，出具检验报告。设备服务各相关方整理全套工程记录，履行交付验收程序。如图 2-57 所示。

图 2-57 撤除设备、整机调试和准备验收

第六节　检　查　验　收

依据《擦窗机》GB/T 19154—2017 的规定，擦窗机工程现场应重点做好现场轨道支撑系统及其锚固件的安装检查，由现场责任单位及其合格人员按程序做好擦窗机系统的安装验收工作。

1. 与安全相关的轨道支撑及其锚固件的安装检查

(1) 在安装设备及相关轨道和轨道支撑系统时，应确认系统所有方面都已根据图纸和技术要求正确安装。如关键部件（如螺栓）已由擦窗机供应商自行提供给承包商预埋到结构中，承包商应出具一份已确认正确安装这些部件的确认单。

(2) 在生产和安装阶段对所有轨道锚固件进行 100%的目测检验以确保所有部件正确安装，并应特别注意隐蔽部件与结构的固定连接是否可靠。

1) 对可见并承受剪力和拉力的化学或机械膨胀锚栓，应对锚固件抽样 20%进行适当的扭矩和拉拔试验。

2) 对隐蔽并承受剪力和拉力的化学或机械膨胀锚栓，应对锚固件进行 100%的适当扭矩和拉拔试验。

(3) 所有检测结果应作记录并形成报告（包含检查人员的姓名、职称、单位和日期）。

2. 系统验收

(1) 应进行相关检验和功能测试以确认设备已正确组装、实现特定功能要求且所有安全部件运行正常。

(2) 擦窗机系统应进行现场验收，由检测机构和制造商或授权机构代表，在安装完成后按工况配置进行验收。

(3) 当擦窗机系统安全与安装有关时：

1) 在擦窗机系统验收之前应确认设备已正确安装并有完整的检查报告（如出厂合格证书和出厂检验报告等）。

2) 擦窗机系统型式试验可能未包括：如轨道系统中浇筑、焊接或其他隐蔽的轨道锚固与连接件。负责验收的合格人员应对安装过程中部分或全部隐蔽的锚固件进行检查或有相应可靠的文件，证明这些锚固件已正确安装。

3) 合格人员有独立提出异议的重要权利。

(4) 应进行静载和动载试验，在试验之前需要确认：

1) 在擦窗机投入使用之前确认设备已正确制造、组装和安装。

2) 满足合同技术要求。

3) 所有安全部件运行正常。

(5) 静载试验和动载试验的载荷分别为（具体可查阅《擦窗机》GB/T 19154—2017）：

1) 静载试验——吊船载荷：1.5×RL（吊船额定载荷）；

物料起升机构（如配置）载荷：1.25×HWLL（物料提升机的工作极限载荷）。

2) 动载试验——吊船载荷：1.1×RL（吊船额定载荷）；

物料起升机构（如配置）载荷：1.1×HWLL（物料提升机的工作极限载荷）。

(6) 使用前合格人员应签发确认设备完整性的移交证明。

（7）所有检测和试验结果应作记录并形成报告(包含检查人员的姓名、职称、单位和日期)。

注意：具体工程实践中，应遵守规范的规定，结合与业主签署的擦窗机定制合同、安装合同中的约定条款执行。

3. 安装验收

设备安装完成后，应对擦窗机进行系统调试和检测，并填写安装调试自检记录，整理验收记录和其他节点工作记录，作为工程文件存档。一般情况下，擦窗机调试自检的主要项目、检查要求，见表 2-2。

擦窗机系统调试自检记录（样表） **表 2-2**

擦窗机调试自检记录		编号	
工程名称		安装调试时间	
擦窗机型号		出厂编号	
安装调试人员			
名称	安装调试项目	安装调试内容	安装调试结果
行走单元	行走电机	接线正确，电机运转正常	
	行走限位	接线正确，限位机构动作灵敏准确	
	行走试运行	行走轮，导向轮及防倾翻装置正常	
大臂回转单元	回转电机	接线正确，电机运转正常	
	回转限位	接线正确，限位机构动作灵敏准确	
	回转试运行	回转平稳，回转角度合理	
吊船回转单元	吊船回转电机	接线正确，电机运转正常	
	吊船回转限位	接线正确，限位机构动作灵敏准确	
	吊船回转试运行	回转平稳，回转角度合理	
吊船伸展单元	液压包电机	接线正确，液压系统运转正常，无渗漏	
	伸展限位	接线正确，限位机构动作灵敏准确	
	吊船伸展试运行	伸展平稳，伸展角度合理	
伸缩单元	伸缩电机	接线正确，电机运转正常	
	伸缩限位	接线正确，限位机构动作灵敏准确	
	伸缩试运行	伸缩机械限位正常，多级伸缩逻辑控制准确	
吊臂变幅单元	变幅液压系统	接线正确，液压系统运转正常，无渗漏	
	变幅限位	接线正确，限位机构动作灵敏准确	
	变幅试运行	变幅平稳，角度（长度）合理	
卷扬单元	卷扬电机	接线正确，电机运转正常	
	超速限位	接线正确，限位机构动作灵敏准确	
	压绳限位	接线正确，限位机构动作灵敏准确	
	断链限位	接线正确，限位机构动作灵敏准确	
	上下应急限位	接线正确，限位机构动作灵敏准确	
	松绳限位	接线正确，限位机构动作灵敏准确	
	手动释放装置	机构动作灵敏可靠	

续表

名称	安装调试项目	安装调试内容	安装调试结果
吊钩单元	吊钩电机	接线正确，电机运转正常	
	吊钩限位	接线正确，限位机构动作灵敏准确	
	吊钩试运行	吊钩配重安装正常，工作正常	
通信单元	通信线路安装	连接准确，标识准确	
	通信线路检测	通信功能正常，预设通信场所和部位的信息传递和联络正常	
电控箱单元	操作按钮与指示灯	安装接线可靠，动作灵敏，标识准确	
	热保整定	电流整定准确	
	变频器整定	参数设定正确	
	线路连接	线路连接可靠无松脱、虚接	
	PLC 控制	输入输出逻辑功能正常	
整机检验	超速装置	动作灵敏可靠，做超速试验	
	超载装置	动作灵敏可靠，做超载试验	
	上限位装置	上限位机构及撞板安装正确、动作灵敏	
	下限位装置	下限位机构安装正确、动作灵敏	
	电气布线	电缆可靠固定，转动部分采取防护措施	
	钢丝绳连接与导向	钢丝绳连接可靠，导向无错槽、脱槽现象	
安装调试结论：			
签字栏	擦窗机设备制造商名称、主要联络信息		
	安装调试人员		
	检验人员		

第三章　安　全　操　作

本书以工程中最为常见的CWG250系列擦窗机为例，如图3-1所示，介绍其操作与维护基础知识，读者遇其他系列型号擦窗机设备时，应查阅随机设备手册和使用维护说明书。

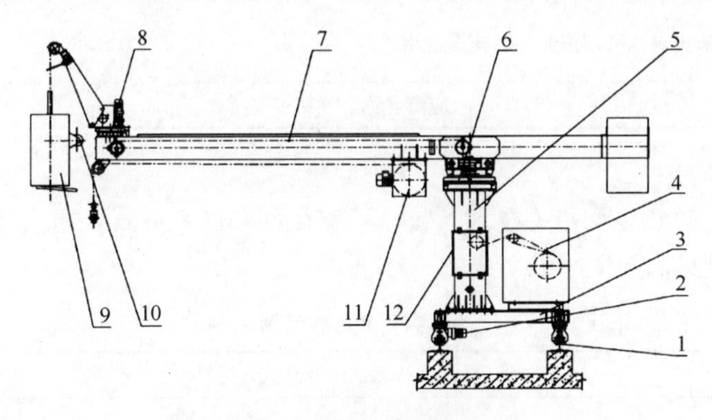

图3-1　屋面轨道式擦窗机

1—轨道；2—行走机构；3—底架；4—起升机构；5—立柱；
6—主臂回转机构；7—吊臂；8—臂头回转机构；9—吊船；
10—靠墙轮；11—物料起升机构；12—电气控制系统

CWG250擦窗机主要由固定台车和吊臂及移动吊船两部分组成，可满足大厦外立面的维护和保养作业。由于擦窗机为室外露天放置，控制柜一般均设计采用不锈钢材质，密封性能好，吊船为不锈钢铝合金材质；部分钢构件整体热镀锌，表面富锌底漆喷涂处理，耐候性强。

CWG250系列擦窗机的主要安全部件包括：

（1）急停装置、超速保护装置、超载保护装置、电磁制动、防倾覆安全锁、排绳装置、上限位保护及下限位防撞保护装置等。

（2）各部位限位保护装置采用通过PLC系统控制接触器实现电气控制，控制回路控制电压为24V（作业现场应查阅并按照随机台车使用说明书执行有关动作）。

第一节　设　备　标　识

擦窗机使用周期内，禁止擅自变更、修改和废弃各种安全保护装置和各种警告、提示标志。

一、设备标牌

1. 警示标牌

内容包括：作业人员或操作者使用相关注意事项。见表3-1。

警示标牌内容示例　　表 3-1

警示（以 CWG250 擦窗机为例）
内容 1. 吊船限载 2 人，严禁超载作业。 2. 设备使用前，请目测检查各连接点是否可靠。 3. 目测检测完成后，在吊船护栏内做离地承载试验并确认无异常后方可进行使用。 4. 操作人员必须身体状态良好，无恐高及间隙性重大疾病。 5. 操作人员必须系好安全带，请专业人员指导下进行。 6. 雨、雪、雾及大风天气下，禁止使用。 7. 禁止将滑轨小车作为其他吊装作业的系挂点使用。
制造商名称、联络信息

2. 警告标牌

内容包括：设备型号及相关技术参数，厂家名称和联系方式，重大违规操作事项的警示告知。内容示例见表 3-2。

警告标牌内容示例　　表 3-2

警告（以 CWG250 擦窗机为例）
一般分为设备信息、操作安全类提示： 1. 设备型号、吊船篮体尺寸、出厂编号。 2. 佩戴安全帽、安全带等防护告知。 3. 额定载荷 250kg。（应以醒目字体标出） 4. 严禁超载。 5. 风力大于 5 级，禁止使用。 6. 操作者和保养者应经过专业培训合格，经授权后方可持证作业。 7. 严禁无生命绳、无安全带使用。 8. 严禁酒后操作。
制造商名称、联络信息

擦窗机设备自身永久挂置的警告标牌实例，如图 3-2 所示。

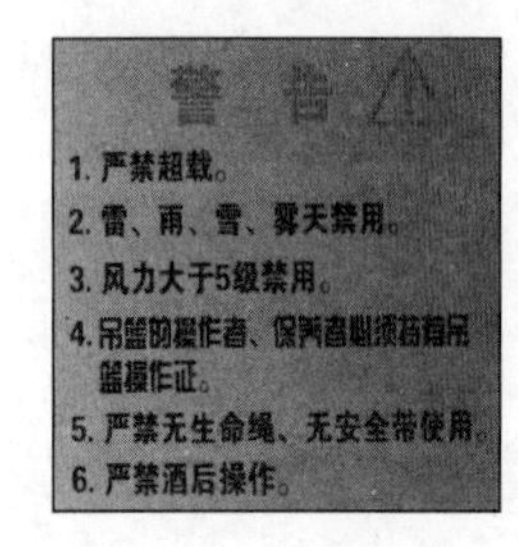

图 3-2　设备随机警示标牌

3. 作业周界警示标牌、警示线

高空作业区域的地面：需设置警示标牌、隔离带，防止行人和无关人员进入。地面作业区警示标牌，如图 3-3 所示。

图 3-3　地面作业区警示标牌

4. 设备危险部位常见标识

擦窗机设备危险部位标识，见表 3-3。

危险部位标示（实例）　　表 3-3

提示内容	标识标示	提示内容	标识标示
高空作业、行走马道、护栏等处设立防坠落标识，防止意外发生	当心坠落	对于滑触供电、取电点等设防触电标识	有电危险
当心机械伤人	当心机械伤害	辅助吊钩作业	当心吊物
当心伤手	当心伤手	设备接地	接　地
定期检查加润滑油	CAUTION 此處 請定期檢查 加潤滑油 HERE REGULAR TO CHECK POUR LUBRICANT	安全警示区域标识；擦窗机高空作业区域设备警示标识	注意安全
高压危险	禁止合闸 NO SWITCHING ON 高压危险	检修区域提示	检修中 请注意安全

续表

提示内容	标识标示	提示内容	标识标示
禁止触摸	危险 禁止触摸 No touching	无关人员禁入区域	闲人莫入

二、作业防护标示

擦窗机存放机房、设备机身及作业活动区常设如下作业防护标识，见表 3-4。

作业防护标示（实例）　　表 3-4

序号	提示内容	标识标示
1	安全帽佩戴标识； 高空作业人员在吊船内作业需要佩戴安全帽，防止高空坠物受到伤害	必须戴安全帽
2	必须穿安全防护鞋	必须穿防护鞋
3	安全带佩戴标识； 高空作业人员在吊船内作业需要系安全带，防止高空坠落	必须系安全带
4	必须穿工作服	必须穿工作服

续表

序号	提示内容	标识标示
5	禁止高空抛物标识； 高空作业人员禁止在高空抛弃工具或杂物，防止意外发生	禁止抛物
6	禁止酒后作业标识； 设备明显处设此标识，严禁作业人员酒后上岗	禁止酒后上岗
7	禁止攀爬标识； 擦窗机设备禁止非作业人员进行攀爬，防止意外发生	禁止攀爬
8	作业面上方可能坠物	当心落物
9	台阶区域	留心台阶

第二节 操作规程

设备使用前必须按说明书要求进行必要的检查，做好记录（此记录是对设备完好程度的确认），发现问题及时处理。设备必须定期维护，维护时对各运动部件相对产生摩擦的部位加注润滑油，并定期更换油脂，以保持设备稳定运行。对设备进行维修时，必须先切断电源。与擦窗机相关的作业活动均应由具备知识能力并获得授权的合格人员和操作者实施。

本节以 CWG250 系列擦窗机的操作为例进行介绍。

一、设备使用环境常规检查

1. 检查当前环境是否适应擦窗机及吊船正常工作

（1）环境温度－10℃～＋55℃。

（2）环境相对湿度不大于 90％（25℃）。

（3）工作处阵风风速不大于 8.3m/s（相当于 5 级风力）。

（4）电源电压偏离额定值±5％。

（5）载重量不超过吊船额定载荷。

前三项内容可以即时与气象台联系、查询。

2. 检查电气系统

（1）吊船电器系统的接地装置应可靠，接地标志要明显。检测电器、控制箱外壳绝缘，其阻值不应小于 0.5MΩ。

（2）电气控制部分是否有积水、积尘，动作是否灵敏可靠（包括继电器、漏电保护装置、控制按钮、行程限位装置等）。

（3）检查配电线路，注意接线头有无松脱。

（4）检查电机的启动、运行是否平稳、正常（原地、空载）。电机电流是否正常，有无异响。

（5）检查各种工作指示灯、警报装置是否正常。

3. 检查机械系统

（1）检查平台及工作护栏是否牢固，有无松动，吊船与提升机构的连接是否牢固、可靠，螺栓有没有松动，特别是重要受力部件的连接。

（2）检查安全钢丝绳能不能顺利通过安全锁，提升机摩擦轮不能有阻绳、卡绳现象。安全锁锁绳要准确、可靠。

（3）检查铁轨锚固部位是否牢固、锈蚀是否严重。

（4）检查提升机有无故障，制动系统是否可靠。

（5）检查辅助牵引设备、卷扬机运行是否正常。

（6）检查安全绳是否可靠。

4. 检查吊船有关部件的润滑状况，注意及时添加润滑油脂

（1）吊船两个定滑轮的轴承是否够润滑，脂量是否合适。

（2）吊船易生锈，受潮的地方有无涂防锈（防潮）润滑脂。

（3）检查减速器的润滑情况（摩擦轮及钢丝绳，不能涂任何润滑油脂）。

5. 检查吊船辅助伺服装置

（1）检查机械部件是否牢固，刹车装置是否可靠。

（2）电气控制装置是否正确、可靠。

（3）润滑状况是否良好。

（4）检查钢丝绳磨损状况。在此过程中，保持不中断对讲机通信联系，以免出现意外。

（5）根据乘员数量（2 人），按上一步程序，把相应数量的安全带固定在吊架上。

6. 检查轨道

（1）车挡应处于良好的状态。

（2）轨道无锈蚀。

（3）道岔应在正确的位置。

（4）道岔插销必须插好。

（5）不得有导致安全隐患的异物。

7. 起吊前应注意事项

（1）检查 4 条钢丝绳位置是否正确，在空中有无打结。

（2）测试电机减速器外壳的温度（用于计算温升）。

（3）检查吊船内必备工具是否齐全，工具是否用绳系好。

二、主要机构动作检查

擦窗机主要动作包括：

（1）开始操作。

（2）操作停止。

（3）工作平台及其他操作的自锁关系。

（4）行走机构的操作。

（5）起升机构的操作。

（6）大臂回转及臂头回转的操作。

（7）紧急制动的操作。

（8）通信操作。

主要机构动作检查内容如下：

1. 启动前检查与试动作

该设备停放在其停放区域时的位置为启动位置。在启动前需检查：4 根钢丝绳是否都整齐卷绕在滚筒上，检查工作平台上电源插头是否接好，供电电缆是否有破损。以上准备工作就绪后，应首先启动设备电源，检查测试设备各个动作是否正常，包括：吊船升、降，吊臂爬轨小车前、后运行，吊船左、右回转，横臂左、右回转，玻璃吊具上下动作等。之后进行设备主机启动前的检查，内容包括：

（1）4 根起升钢丝绳是否整齐地圈绕在筒绳槽的位置。

（2）绳筒上 4 根钢丝绳是否有松弛现象，防跳槽行程开关、上限位行程开关、下限位行程开关、后备制动器行程开关是否均在非动作状态。

（3）各功能指示及显示状态（若发出断相或任何紧急制动开关动作，急停断开）。

（4）检查后备制动器与提升电机制动器是否能正常工作。

2. 操作停止功能检查

（1）擦窗机主机操作人员对决定任何时候的设备操作动作负有责任，必须确保在大风、雷雨及其他不符合设备使用环境或安全条件下，立即停止机器运行。

（2）当工作平台在墙外，紧急停止开关若有任何失效或发生任何一种不正常情况时，设备应立即切断电源，并按设备操作说明书进行逐条故障排除。

3. 吊船及其对行走、横臂回转的控制

（1）吊船上有限制载荷的装置，当载荷超过设备极限载荷时，将无法启动上升功能。如：CWG250系列擦窗机设备限定载荷为250kg，当载荷超过设备限定载荷250kg时，将无法启动上升功能。

（2）当吊船自顶部外立面下降后，因吊船内的操作人员无法观察和掌握楼顶的情况，机器控制系统会将工作吊船除升降以外的动作锁定。

（3）只有当吊船升至上限位开关位置，触动限位装置，才会释放锁定功能。此时主机上操作人员能观察到吊船，而吊船上的操作人员也能观察到楼顶及其他设备的相对位置；此时吊船上的操作人员方可小心操作擦窗机的行走与横臂的回转动作。若操作人员视线不清或存在视线遮挡时，务必把吊船内操作权转换到台车操作，由台车主机旁操作人员来实施有关动作的安全操作。

4. 台车机构

（1）台车机构一般分为屋面轨道式及固定式。CWG250系列擦窗机设备为屋面轨道式，设备安装在预装轨道上，可根据作业需求将设备移动到预定区域。依靠设备台车旋转及吊臂的伸缩来实现建筑物外墙的作业面覆盖。可在本地、远程两种操作模式下运行。两种模式互锁，以防止动作有误。

（2）如现场为固定塔架式系列擦窗机设备，则应在擦窗机使用前，操作者必须仔细观察塔基的稳定性，这对擦窗机的安全使用非常重要；擦窗机塔架基础不属于擦窗机制造单位提供，建议必须定期检查塔架的锈蚀情况，并做好防腐处理。

5. 工作平台升降机构（卷扬系统）

（1）卷扬机内丝杆上设置有工作平台升、降的限位开关，当工作平台上升到最高位置时，丝杆带动撞块碰触到上限位开关，即停止上升动作，此时，工作平台可作下降动作。当丝杆带动撞块碰触到下限位开关时，即停止下降动作，此时，工作平台可作上升动作。如此，实现工作平台升降动作的周而复始。丝杆上各设置两个限位开关，属安全双保险设计。特别需要强调的是，设备在正式交付业主使用前，对升、降长度的限位开关及丝杆相对撞块的位置已完成调整标定。严禁操作人员移动限位开关的位置或丝杆上撞块的位置。

（2）工作平台底部配置一个限位触发装置，在工作平台碰到地面或障碍物时，下降动作停止。

（3）升降动作除了以上两个上、下限位外，卷扬机内还设有防跳槽保护装置，以保证多层钢丝绳在滚筒上能正常有顺序地排列。

（4）设备升降机构为滚筒多层圈绕起升机构，机构内小车行走的位置、双向丝杆的位置、导向滑轮的位置、滚筒轴向的位置等，出厂前都经过精确地调整，已锁定具体位置，操作者未经擦窗机制造商的允许，不得随意移动上述的位置。

6. 横臂与吊臂头的回转机构的动作

（1）横臂回转的角度为±180°，从原始位置起，两极限位置均设置有限位行程开关，并且两边均配置为2个限位行程开关，这是安全后备保障措施，也增加了安全冗余度。

（2）吊臂头的回转角度为±55°，从原始位置起，两极限位置均设置有限位行程开关，并且两边均配置为2个限位行程开关，这是安全后备设计，提高了安全冗余度。

当工作平台升、降动作，或下限位触发装置动作，或其他限位动作时，横臂回转或吊臂头小臂回转均不能动作。

（3）回转的控制为点动按钮，当所需回转到预定位置时，只需要松开点动按钮，回转动作即被停止；此时，回转电机带动失电制动器启动，可牢固地锁定停止点。

7. 紧急制动

（1）主机操作箱与工作平台操作板均配置有紧急制动按钮，按下按钮时，指针逆时针旋转。该按钮被设计为是自保型结构，在系统重新处置后继续操作，应将其指针回归其释放状态（顺时针旋转）。

（2）紧急制动开关连接于主电路接触控制电路中，操作时应对整台机器及其控制电路均切断电源。

8. 通信

（1）工作吊船平台及楼顶主机的通信联系，采用无线对讲方式，可保持即时沟通。

（2）部分设备通过工作吊船平台上的通信信号实施控制，通信信号通过钢丝绳中的导线传递，通信信号的另一端侧连接于主机控制柜中的通信插口。

9. 操作故障的排除

（1）若发生电源故障，为保证作业者及抢修人员安全，此时电源不仅不能立即合闸恢复，而且在得到维修服务执行前也应保证一直不能接通，这时应采取紧急援救状态。

1）确保在工作平台及楼顶主机之间沟通畅通。

2）将楼顶台车主电源关闭或将主供电电源插头从插座中拔出。

3）打开卷扬机的柜门，使用手动扳手，插入卷扬电机尾部的松闸孔内，扳动制动装置，将工作平台缓慢地放至地面。特别需要强调的是：制动把手释放时，必须缓慢释放，必要时放一程、停一程，保持低速，确保工作平台的人员安全着地。

4）释放手松制动器时需缓慢释放。为考虑满足《擦窗机》GB/T 19154—2017的安全规定：吊船正常升降速度不大于18m/min。当吊船速度大于30m/min时，后备制动器应自动起作用。后备制动器起作用使吊船停止运行时，吊船底板的纵向倾斜度应不大于14°，吊船下降距离不大于500mm。

（2）紧急制动的过程中将触发控制回路中有关开关动作，从而切断全部紧急制动的控制电路。

（3）确认擦窗机所有电机均已配备以下形式的保护措施

超载热继电器保护装置（手动型，采用按下按钮的方式）。PLC内数据均已设定和调试完毕，若要重新设定任何保护措施，必须由擦窗机厂家或具备相应资质的电气工程师来检修，否则请不要打开电器箱盖，若机器发生其他功能失常，请与制造商的专业技术人员联系。

注意：用户不要自行更改PLC内设置，若非授权人员对机器作出任何更改，制造商对此均不负任何责任。

10. 停止工作状态的注意事项

（1）设备停止工作后，应把机器停放于避风处，将箱盖、柜门关好。

（2）将横臂及燕尾臂旋转至适宜的位置，工作平台放置于楼面上，必要时用防风绳将工作平台及大臂加以紧固，绳索张力应适当。

（3）拔出电源钥匙、电源插头，将电缆收入到自动收缆器内，把手持操控器放入器架内卡好，一切安置妥当后，把吊船放置在安全防风处，用前后各一夹轨器将行走机构牢牢固定于轨道上。长时间处于收藏存放状态时，如条件允许，应将吊船用绳索固定在可靠结构上，防止滑移。

三、作业前注意事项

1. 擦窗机每次使用前都应做好擦窗机班前检查及维护保养检查项目，认真全面检查并做好记录，所有规定程序均要确认无误后方可上机进行操作。

2. 业主应委托专业单位对擦窗机操作使用人员进行培训，并须获得安全许可和授权，切不可让没有经过专业培训的非授权人员进入擦窗机作业。应让全体操作人员充分了解擦窗机的使用要求及主要特点。

3. 在擦窗机使用前，应对该次工程任务的设备使用时间予以估算，若此次工程任务使用擦窗机的时期很长，则必须要在工程任务开始前就开始对擦窗机进行中期检查，检查通过后才可以使用。

4. 操作人员操作时必须戴安全帽，系好安全带。吊船中的操作人员工作时应将独立的安全绳（锦纶绳）从楼顶合适的可靠设施（如擦窗机轨道、建筑物主体结构指定挂点）上系牢后（切忌：不能固定在擦窗机吊臂上），并将安全带连好自锁器方可作业。操作人员将安全带系牢并应与自锁器连好。

注意：安全带、自锁扣和安全绳为易损件，使用一年后，应做全面检查，委托国家有相应资质能力的检测机构实施，出具合格报告后方可使用。

5. 操作人员穿工作服不得使肌肤外露，应穿戴清洁干燥的衣服、手套和胶底鞋。

四、安全措施

1. 遵守安全规范

（1）外立面维护作业的安全措施除应符合现行行业标准《建筑施工高处作业安全技术规范》JGJ 80—2016 的规定外，还应遵守施工组织设计确定的各项要求。

（2）使用擦窗机时，施工机具和吊船在使用前应进行严格检查，符合规定后方可使用；手电钻、电动改锥（螺丝刀）、焊钉枪等电动工具应通过绝缘电压试验；手持玻璃吸盘和玻璃吸盘安装机，应进行吸附重量和吸附持续时间试验。

（3）施工人员作业时必须戴安全帽、系安全带，并配备工具袋。

（4）在外立面安装应采取可靠的安全防护措施。

2. 牢记施工安全守则

（1）施工现场必须戴安全帽并系好帽扣，高空作业时系扣安全带，严禁穿拖鞋、高跟鞋、打赤脚上班。

（2）施工现场严禁吸烟，需要施焊及有明火作业时，应向作业现场项目管理处开具施工动火证，并在现场设置充足的灭火器材，高空施焊时，应做好围闭和防火措施，以免发生火灾。

（3）高空作业，不准向下抛任何物料。在安装施工时应集中精力，防止重物坠落及砸伤自己，施工部位的下方区域应设置足够强度的临时防护栏。

（4）安全合理使用擦窗机，擦窗机在每次使用之前，均应对机件进行安全检查和低空试运行（1.2m以下）。发现问题，应请被授权的专职人员修理，严禁擦窗机带病运行；擦窗机严禁超荷载运行擦窗机上使用的各种工具要有防坠措施。所有工具和物品须用适当长的缆索连接于擦窗机上，即使脱手的情况下也能保证不会坠落地面。

五、运行操作顺序

1. 开电源总开关。观察超载故障指示灯是否亮起，如果故障指示灯亮起，应立即检查超载或限位开关是否有异常，并立即停电修复。若该故障指示灯不亮，即可按下启动按钮。

2. 使主机前后移动到需要施工的位置，让吊船在辅助牵引设备的牵引下，升至高于玻璃天棚1.5m左右处停下。启动吊臂头电机，让吊船匀速靠向幕墙玻璃的位置。再使吊船沿外立面作业路径向下运行。

3. 吊船上、下工作过程中，安全钢丝绳、安全绳与工作钢丝绳应保持相同位置，待升至预定工作位置时停下，用吸盘将吊船吸附在玻璃幕墙上。此步骤用于防止工作中的吊船产生摇晃。

4. 工作结束后，按相反的程序将吊船放回原地，将电气控制系统复位（档位选到停位）。

注意：因机型不同，以上各项步骤和动作，在现场均应按制造商提供的操作使用说明书和设备手册具体实施。

六、运行时注意的问题

1. 擦窗机应专人操作、保养、维护，严禁未经专业培训合格和未被授权的人员操作设备。

2. 擦窗机应两人在互相配合下进行安全操作。吊船工作人员必须锁扣安全带，正确佩戴安全防护用品用具。

3. 操作人员上机作业时，吊船内作业人员必须戴安全帽、系好安全带并把安全带上的自锁钩牢固地扣在单独悬挂于建筑物顶部牢固部位的保险绳上，方可上机进行作业。

4. 在现场使用中，距离整机10m范围内不得有高压电线。

5. 吊船载重量不应超过额定载荷（包括两个人体重量加物品重量）。以CWG250型为例，额定载荷不应超过250kg。

6. 当发现吊船倾斜时应将吊船空载，下放到地面进行调整，保持水平两边相差不应超过15cm。

7. 擦窗机在正常使用时，严禁将其他附属物附加在擦窗机吊臂上。

8. 吊船悬挂在空中时，严禁调整和拆装吊船内的任何装置（尤其是载荷限制装置）。

9. 当上限位报警器作用后，吊船自动停止，此时应将吊船降低，使上限位开关脱离上限位块。

10. 吊船内载荷应大致均布，否则会发生倾斜危险。

11. 擦窗机使用应符合有关高空作业规定，在夜间、雨雾、雪天气和5级风以上严禁使用。

12. 擦窗机使用结束后，关闭控制箱及总电源，并将电机、控制柜用防雨布（如：塑料布等）包扎遮盖，防止雨水渗入。

13. 擦窗机不适用于酸碱液体或气体下的环境中作业使用。

14. 钢丝绳为易损件，每次使用前应按照说明书要求进行检查，发现异常及时更换。

15. 卷扬机为升降工作重要设备，每次使用前应进行空载和额载情况检查，如发现乱绳、松绳、排绳异常、超速保护装置异常等现象必须立即停止工作，并联系擦窗机制造商或专业服务机构进行维修。

16. 工作完毕后，应将吊臂用钢丝绳与楼面合适位置固定，以免风吹晃动，并需将卡轨钳在轨道上卡好，将吊船放置于屋面，关闭电源总开关。

17. 不得利用极限开关来控制停车。

18. 吊船工作时不得进行检查和维修（紧急情况除外），不能在吊船控制箱里取电、使用电动工具。

19. 应与地面指挥保持紧密联系，不得擅自操作。

20. 擦窗机吊船载荷不得超过规定的载重量，且载荷在吊船平台内尽可能均匀分布。

21. 吊船上、下运行时，墙面立面作业必须停止。

22. 吊船工作平台内不准使用高凳、脚手架和梯子等。

23. 操作人员应严格注意各动作限位开关的信号，发现异常，立即上报并按程序处置。

24. 擦窗机操作使用间隙，操作人员不得离开操作岗位。

七、紧急时的安全措施

1. 擦窗机在作业中中途突然断电

擦窗机在作业中突然断电时，应立即关闭电控柜的电源总开关，切断电源，防止突然来电时发生意外。然后与地面或屋顶作业值守监视的专业人员联络，判明断电原因，决定有否返回地面。若短时间停电，待接到来电通知后，合上电源总开关，经检查正常后再开始工作。若长时间停电或因本设备故障断电，应及时采用手动方式使吊船平稳滑降至地面。不可贸然跨过吊船护栏钻入作业位置临近的建筑窗口离开吊船，以防不慎坠落造成人身伤害。当确认手动滑降装置失效时，应与吊船外人员联络，在采取可靠地相应安全措施后，方可通过作业位置临近窗口撤离吊船。

2. 擦窗机在运行中操作按钮突然失灵

吊船上升或下降按钮都是点动按钮，正常情况下，按住上升或下降按钮，吊船向上或向下运行，松开按钮便停止运行。当出现松开按钮，但无法停止吊船运行时，应立即按下电器箱或按钮盒上的红色急停按钮，或者立即关上电源总开关，切断电源使吊船紧急停止。然后采用手动滑降使吊船平稳落地。请专业维修人员在地面排除电器故障后，再进行作业。

3. 擦窗机在上升或下降过程中吊船纵向倾斜角度过大

当吊船倾斜角度过大时，应及时停车，将吊船空载放到地面，请专业维修保养人员对钢丝绳进行固定调整。切不可在空中自行进行钢丝绳调整。

4. 擦窗机在工作中工作钢丝绳突然卡在机内

钢丝绳松股、局部凸起变形或粘结涂料、水泥、胶状物或从滑轮中跳槽时，均会造成钢丝绳卡在机内的严重故障。此时听到异常响声应立即停机。严禁用反复升、降操作来强行排除险情或继续运行。因为这种动作不仅排除不了险情，还会造成设备进一步损坏，甚至导致切断机内钢丝绳，造成吊船一端坠落和机毁人亡。

发生卡绳故障时，机内人员应保持冷静，应首先按急停按钮让卷扬停止运转，在确保安全的前提下撤离吊船，并派经过专业训练的维修人员进入吊船进行排险。也可将系在楼顶屋面的安全大绳送入吊船内，并用安全锁扣与大绳连接好后将吊船内的工作人员先救出并平稳落地，再联系专业维修人员或设备厂家人员对设备进行抢险处理。

5. 擦窗机在工作中一端工作钢丝绳破断

当一端工作钢丝绳破断，吊船倾斜，操作人员悬吊在安全绳上并挂立在吊船上时，仍然采用上述第4条的方法排除险情。

6. 擦窗机在工作中一端悬挂机构失效

由于一端工作钢丝绳破断或者一侧悬挂机构失去作用，造成一端悬挂失效，仅剩下一端悬挂，致使吊船倾翻甚至直立时，操作人员切莫惊慌失措。有安全带吊住的人员应尽量轻轻攀到吊船上便于蹬踏之处；无安全带吊住的人员，要紧紧抓牢吊船上一切可抓的部位，然后攀至更有利的位置。此时所有人员都应注意：动作不可过猛，尽量保存体力，等待救援。

救援人员应根据现场情况尽快采取最有效的应急方法，紧张而有序地进行施救。如果附近另有电动吊船，尽快将其移至离事故电动吊船最近的位置，在确认新装电动吊船安装无误、运转正常后（避免忙中出错，造成连带事故），迅速使吊船到达事故位置，先救出作业人员，然后再排除设备险情。

7. 其他可能引起危险的因素（在操作、检修、维护、调试）

（1）可能发生的意外

1）机械的变形、剪切、弯曲或冲击及其他可能引起安全的隐患，例如：手指卷入钢丝绳滑轮间，起升箱关门时夹手，起升机构开门时碰头等；

2）部件的松动、坠落及其他可能引起的安全隐患；

3）在危险的区域逗留（在台车轨道上、在台车下方工作区域、大臂回转区域内等）；

4）吊船中掉落东西等；

5）运动部件（例如钢丝绳断丝、链条脱开等）；

6）环境因素（天气情况，例如：风雨雷电天气、雾霾天气、沙尘暴天气等），及其他可能引起的安全隐患。

（2）电气引起火灾的危险

1）受到电击；

2）触摸带电零件；

3）绝缘不好；

4）维修或维护用品劣质等；

5）高压、火灾和爆炸引起的危险；

6）高压灼伤可能导致的伤害或死亡，吸入有毒气体会导致窒息；

7）电缆着火导致短路或其他类似的情况；

8）粗心处理原料；

9）动用明火或抽烟（例如：在吊船内抽烟、在屋面抽烟等）；

10）轴承或芯轴使用过热；

11）外盖加热或机械出现故障及其他可能引起安全的隐患。

第四章　使　用　保　养

第一节　设　备　检　查

一、国家标准《擦窗机》GB/T 19154—2017 中的“设备检查维护及试验信息”规定

擦窗机投入使用后，设备在工作期限内使用前应按设备手册的要求进行检查、维护和测试。按 4 个步骤进行：

（1）使用前检查：每天或每班工作开始前进行。

（2）检查和维护：一般每 3 个月进行一次。

（3）全面检验：一般每 6 个月进行一次。

（4）设备年检：每年进行一次。

设备处于进行作业状态时，不可对设备进行维修。

检查测试内容包括：对整个设备安装的详细检查；对建筑物预埋件的检查；对安全装置、电器开关的测试。

安全装置的检查要求：检查周期不得超过 6 个月；若现场不具备测试条件，可以拆下该装置，送制造厂测试；对拆下测试的装置，在擦窗机交付使用前，应检查所有重新安装的与其相关的部件。

钢丝绳检查：在用的钢丝绳须每个工作日进行目检一次，每月至少按产品说明书有关规定检查两次。对一个月以上未使用，在每次使用前做一次全面检查，其检查报告应指出钢丝绳的状况。

二、使用前检查（图 4-1）

依据《擦窗机》GB/T 19154—2017，操作者在每天或每班工作开始之前对设备应进行目视检查，主要检查设备部件是否有明显松动或被拆除、轨道系统是否处于良好状态。

图 4-1　擦窗机日常检查

在用的钢丝绳每个工作日应目检一次，每月至少按产品手册检查两次，一个月以上未使用的，应全面检查。使用前应检查控制线路动力线路的接触器、天气预报情况、通道与作业环境、电源及设备的所有安全保护功能和限位开关是否正常。

1. 升降机构和行走机构检查，升降机构、行走机构工作时不允许有异常声响发生。

2. 吊船的检查，吊船平台连接部分必须牢固，护栏、螺栓、螺母等不允许有松动。

3. 钢丝绳的检查，钢丝绳必须正确的卷入钢丝绳盘绳筒内。

4. 钢丝绳报废标准的检查，钢丝绳的报废标准按劳动局颁布《起重机械安全管理规程》第 32 条规定要求执行。

5. 各个开关的检查，各限位开关必须动作正确。

6. 电缆线接口的检查，电缆线有接口部分必须牢固安全。

7. 电源电缆线的检查，电源电缆线的绝缘层不允许有损坏，必须要保持完整。

三、定期检查

全面检验应每 6 个月一次，设备年检间隔应不超过 13 个月，固定件及轨道锚固件等关键件的检查周期为 10 年。

设备在每个间隔期使用之前，必须通知保修单位（公司）进行全面检查，工作内容包括：

1. 日常检查的各项内容。

2. 各安全装置是否可靠，以及各安全装置的重新标定。

3. 各润滑点（处）的润滑。

4. 电气系统的可靠性。

第二节 维 护 保 养

一、国家标准《擦窗机》GB/T 19154—2017 中的“设备维护信息”规定

设备必须由制造商或其他具备合格能力人员、工具和专用设备的服务机构，按照使用说明书的要求进行定期检查和维护。依据《擦窗机》GB/T 19154—2017 检查和维护一般每 3 个月进行一次。

维护中应注意如下要点：

1. 维护和维修记录应保存于日志里。

2. 现场有维修人员进行工作的必要图纸和接线图。

3. 了解和掌握拆卸弹簧式电缆卷筒或收揽器的警示。

4. 制造商指定的钢丝绳规格，保留现场钢丝绳的合格证；钢丝绳和所有磨损件更换标准的信息。

5. 钢丝绳的检查和报废应符合《起重机 钢丝绳 保养、维护、检验和报废》GB/T 5972—2016 的规定。

6. 电缆芯钢丝绳的绝缘有老化迹象或绝缘值降低时，应立即更换；电缆芯钢丝恒的

导线之一断裂或导线的导电性能时断时续时，应就立即更换。

7. 使用巴氏合金固定的钢丝绳接头应在两年内重新制作。

8. 检查超载或后备装置设置与案件铅封的完整性。在测试、检查和维修时如需安全装置或电器保护装置暂时失效，在完成测试、检查和维修后应立即将这些装置恢复到正常工作状态。

9. 所有影响设备安全性的部件，应按使用说明书进行维护；运动摩擦零部件磨损或损坏时，应立即更换。电气系统的部件和随行电缆损坏或有明显擦伤时，应立即更换。

10. 齿轮、轴、丝杠、制动器和卷筒应保持良好的工作状态，当齿轮、轴、丝杠有明显的磨损现象时，应立即更换。

11. 控制线路的电器、动力线路的接触器及零部件应保持清洁、无灰尘污染。

12. 应按指定使用的润滑剂对规定部位不定期进行润滑；轨道或擦杆座等固定设施或螺丝装置，应按照使用说明书的要求定期检查，应无松动和进行防锈处理。

13. 擦窗机约束系统应按照使用说明书的要求定期检查，应无松动和进行防锈处理。

二、维保细则

擦窗机制造商一般推荐的维修保养项目和对应内容，见表 4-1。

维保项目与维修保养（修理）内容（实例） **表 4-1**

序号	维保项目	维修保养（修理）内容
1	卷扬系统	1. 检查主电机和主减速机基础的连接螺丝是否松动，螺栓必须齐全； 2. 主电机、主减速机有无异常响声； 3. 减速机润滑油位是否正常； 4. 检查钢丝绳卷筒的两端轴承是否正常； 5. 检查排绳丝杠运动是否有卡阻，丝杠不应弯曲，两端轴承是否正常，滑块装置是否松动，润滑是否良好； 6. 卷扬式机构制动采用电磁吸铁应检查制动机构的螺栓是否松动、齐全，吸铁行程是否合理，并检查磨损片的磨损情况
2	吊船系统	1. 检查连接螺丝是否松动、缺陷； 2. 焊缝是否开裂； 3. 钢丝绳楔形夹头是否松动，U 形夹头是否缺损； 4. 碰撞轮架是否变形，连接部位螺栓是否齐全，动作是否正确； 5. 吊船按钮箱是否密封防水； 6. 超载装置是否松动、缺损
3	钢丝绳	1. 每月进行一次全行程的钢丝绳表面质量检查，即有否断丝、折皱、弯曲、锈蚀或其他损坏（应在维护保养记录表详细注明部位、数量等）； 2. 每次维保必须详细检查钢丝绳固定部位的轴销开口销是否良好，楔形装置是否完好，U 形夹头是否牢固、齐全
4	电缆装置	1. 检查电源电缆是否损坏，电源插头是否松动和损坏，电缆挂钩是否完好； 2. 检查电源滑环的碳刷磨损情况

续表

序号	维保项目	维修保养（修理）内容
5	安全装置	1. 检查所有限位开关，必须进行动作测试并表明工作正常，没有误动作现象； 2. 检查各限位开关有否渗漏或受潮、锈蚀； 3. 紧急停止按钮必须动作正确，无卡阻现象
6	电气控制系统	1. 检查电气控制箱是否受潮，并作受潮处理和清除积灰； 2. 检查各控制按钮是否受潮，动作是否正确； 3. 检查遥控器动作是否正确； 4. 定期用清洁剂清洗各触头； 5. 每年对所有电线触点螺钉紧固一次
7	电动机	1. 所有电动机每年进行一次绝缘测定； 2. 无异常响声
8	行走系统	1. 检查行走轮各部位连接螺栓是否松动、缺损； 2. 拆开行走轮端盖，检查轴承是否完好； 3. 检查靠轮连接螺栓是否松动，安全钩是否有裂缝； 4. 检查行走轮支承轴承是否滞阻，臂架销轴转动是否灵活，润滑是否良好，无异常现象
9	轨道及机身防腐蚀	1. 轨道与地板连接的焊缝有否开裂，混凝土预埋板的螺栓是否松动； 2. 除锈防腐是一项经常性工作，在每次维保时都必须进行该项工作，及时清除设备上的锈斑，然后进行油漆保护
10	润滑装置及选用	1. 擦窗机设备中所设立的润滑点必须每季进行一次加注； 2. 损坏及堵塞的油嘴及时更换，润滑油选用壳牌 N32 号机械油； 3. 润滑脂选用锂剂或二氧化钼
11	电源插座	检查其紧固程度和防水性能，并及时更换
12	吊臂系统	1. 检查各连接螺栓是否松动、缺陷； 2. 各连接轴销的安全锁定片或安全插销是否完整、良好，吊臂前端部位销轴应重点检查； 3. 吊臂焊接件焊缝是否开裂； 4. 检查各部位滑轮是否灵活，无卡滞现象，防脱装置是否齐全，销轴锁定是否完好，滑轮是否磨损
13	防风轨钳	检查是否安全可靠

三、日常维护

擦窗机正常的设备功能依赖于设备获得良好的、有计划的检查维护与规范化的保养。做好擦窗机的日常维护保养是确保擦窗机始终保持良好工作状态的一项重要物业管理任务，若忽视日常维护保养，将导致擦窗机使用寿命缩短，产生各种事故隐患和不确定危险因素，因此委托专业单位和专业维护队伍，按设备手册的规定时限做好例行维护，才能使整台机器各种性能始终保持良好状态。以下分别叙述各部件的维护保养常见步骤和设备商一般推荐的保养周期：

1. 起升机构的维护保养

起升机构的维护保养步骤和对应内容，见表4-2。

起升机构维保步骤内容（实例） **表4-2**

步骤	任务内容	保养周期
1	打开起开机构的铝合门，拆下蝶形螺栓，提起铝壳体，放下平台，检查整根钢丝绳是否磨损或损坏，如磨损严重立即更换	每个月检查一次
2	检查传动链及链轮是否磨损，如严重磨损应予更换	每三个月检查一次
3	检查各行程开关是否损坏（在电源接通状态下，按动行程开关，看PLC各相应指示灯是否变化，如无变化则说明行程开关损坏），如损坏即予更换	每半个月检查一次
4	检查各行程开关座用紧固件，如有松动立即扳紧	每半个月检查一次
5	检查各传动齿轮是否磨损，如磨损较严重，请与厂方联系，予以加工更换	每三个月检查一次
6	拆下防尘盖，检查双向丝杆是否磨损，如磨损较严重，请与厂方联系，予以加工更换	每三个月检查一次
7	检查行程开关丝杆是否磨损，如磨损较严重，请与厂方联系，予以加工更换	每三个月检查一次
8	检查传动用开式齿轮是否磨损，如磨损较严重，请与厂方联系，予以加工更换	每三个月检查一次
9	检查各润滑点是否缺油，如缺油，请立即加油。 润滑点有：传动链、开式齿轮啮合面、绳筒两端轴承座、双向丝传动面、行程丝杆传动面、两丝杆两端的轴承座、小车行走轮等。按照周期规定，每月检查加注润滑油，开式齿轮Ⅱ齿合面抹黄油	每个月检查一次
10	检查后备制动器是否能正常工作，若不能，请与厂方联系维修。检查起升电机荷载电流是否在正常范围，若超正常范围，予以排除故障原因	每个月检查一次

2. 行走机构的维护保养

行走机构的维护保养步骤和对应内容，见表4-3。

行走机构维保步骤内容（实例） **表4-3**

步骤	任务内容	保养周期
1	检查各导向轮是否能灵活转动，若缺油，加注润滑油；若损坏，进行更换	每个月检查一次
2	检查并防倾轮转动部分是否能灵活转动，若缺油，加注润滑油；若损坏，进行更换	每个月检查一次
3	行走机构荷载电流检查	每三个月检查一次
4	除锈迹，喷涂富锌防锈漆，色与机身处相同（色标602）	每两个月检查一次

3. 臂头的维护保养

臂头的维护保养步骤和对应内容，见表 4-4。

臂头维保步骤内容（实例） **表 4-4**

步骤	任务内容	保养周期
1	检查齐滑轮是否能灵活转动，排除故障或更换	每个月检查一次
2	检查各限位行程开关是否损坏，若损坏更换	每个月检查一次，平时开机时发现损坏即更换
3	检查回转电机电流是否正常	每个月检查一次，在电控箱内测试
4	检查回转开式齿轮传动是否缺油，加注黄油	每个月检查一次
5	除锈迹，喷涂富锌防锈漆，色与机身处相同（色标 602）	每两个月进行一次

4. 工作平台的维护保养

工作平台的维护保养步骤和对应内容，见表 4-5。

工作平台维保步骤内容（实例） **表 4-5**

步骤	任务内容	保养周期
1	检查限重机构是否正常，包括限重行程开关	每个月检查一次
2	行程开关及其机构是否损坏	每个月检查一次
3	检查钢丝绳下端连接 U 形夹头是否接牢固，如有问题立即排除	每次操作使用前均需检查
4	检查闭路电话及警铃按钮是否正常，如有问题立即排除	每次操作使用前均需检查
5	检查操作系统各按钮开关是否正常，如有问题立即排除	每次操作使用前均需检查
6	检查距平台连接处 2m 内钢丝绳是否损坏，若局部损坏可截去其进入工作平台及损坏的部分，重新与平台进行连接。注意此时 4 根钢丝绳应调至能同时拉紧而无松弛现象，并且平台左右高差不大于 10mm	每次操作使用前均需检查
7	检查保险带是否损坏	每次操作使用前检查，如有问题立即解决
8	检查生命绳锁扣、锁扣器是否正常	每次操作使用前检查，如有问题立即解决
9	检查靠墙轮是否损坏	每个月检查一次

第三节 故 障 排 除

一、起升机构常见故障

擦窗机起升机构常见故障及设备制造商一般采用的排除方法，见表 4-6。

起升机构常见故障及排除　　表 4-6

故障现象	原因分析	排除方法
起升电机不转动	1. 熔丝烧断； 2. 电源短路； 3. 相保护跳闸	1. 更换熔丝； 2. 检查电器，查明短路点修复； 3. 恢复相保护开关
有声音，但不动作	1. 一相断线； (1) 电源电路一相断线； (2) 定子线圈一相断线； 2. 转子与定子接触； 3. 负载过大	1. 检查保险丝或修理线圈 (1) 检查保险丝； (2) 修理线圈； 2. 由金属磨损引起，将其更换； 3. 调整到额定负载
振动	1. 紧固螺栓松动； 2. 轴承磨损； 3. 荷载机械故障	1. 拧紧螺栓； 2. 更换； 3. 检修机械，调整荷载
热继电器动作或保险丝熔断	1. 负荷过大； 2. 定子线圈短路； 3. 转子线圈短路； 4. 转子回路短路	1. 调整到额定负载； 2. 修理线圈； 3. 修理线圈； 4. 修理转子回路
反转	电源线接线错误	改接 3 根电源线中的 2 根（按正确相位连接）

二、电磁制动器常见故障

擦窗机电磁制动器常见故障及设备制造商一般采用的排除方法，见表 4-7。

电磁制动器常见故障及排除　　表 4-7

故障现象	原因分析	排除方法
电磁铁过热	1. 铁芯未完全附着； 2. 电源电压过高； 3. 线圈部分短路	1. 检查有无异物； 2. 检查电压是否正常并排除； 3. 更换
制动器不松开	1. 线圈断线； 2. 电压过分降低； 3. 行程过大	1. 更换； 2. 调查电压下降原因并排除； 3. 调整至适当范围
有时不动作	1. 滑动部分磨损； 2. 铁芯有缺； 3. 杠杆周围有异物； 4. 残余磁力	1. 更换； 2. 修整铁芯，将其附着面磨平； 3. 检查后进行排除； 4. 在铁芯附着面间设间隙
噪声过大	1. 铁芯固定部分松动； 2. 紧固螺栓松动； 3. 电压过低	1. 将其紧固； 2. 将其拧紧； 3. 检查其电压降低的原因并排除

三、限位开关常见故障

擦窗机限位开关常见故障及设备制造商一般采用的排除方法，见表 4-8。

限位开关常见故障及排除　　表 4-8

故障现象	原因分析	排除方法
凸轮式限位行程开关无法动作	1. 螺丝轴磨损； 2. 弹簧折损； 3. 固定螺栓松动； 4. 凸轮变形； 5. 凸轮磨损	1. 更换； 2. 更换； 3. 紧固； 4. 更换； 5. 更换
杠杆式限位行程开关无法动作	1. 螺丝轴磨损； 2. 弹簧折损； 3. 固定螺栓松动； 4. 撞锤位置不正确	1. 更换； 2. 更换； 3. 加固； 4. 调整位置

四、电器控制柜常见故障

擦窗机电器控制柜常见故障及设备制造商一般采用的排除方法，见表 4-9。

限位开关常见故障及排除　　表 4-9

故障现象	原因分析	排除方法
电磁接触器电路闭合动作失灵	1. 电压过低； 2. 辅助接点调整不好； 3. 接触点磨损； 4. 线圈断线； 5. 串联电阻断线； 6. 端子松动； 7. 限速继电器超龄； 8. 配线断线	1. 查明原因； 2. 更换； 3. 更换； 4. 更换线圈； 5. 更换； 6. 加固； 7. 检修； 8. 检查配线
电磁接触器不打开	1. 接点熔化； 2. 还原弹簧老化； 3. 固定销周围异常； 4. 残余磁力	1. 更换； 2. 更换； 3. 更换； 4. 调整间隙
电磁接触器发出噪声	1. 交流磁力； 2. 操作回路电压下降； 3. 短路环断线	1. 在某种程度内无法消除，但如过大，则应调整铁芯附面间的间隙； 2. 查明电压下降的原因； 3. 修理
电磁接触器温度过高	1. 使用频率过高； 2. 电动机超负荷； 3. 操作电流电压过大	1. 适当调整使用； 2. 按额定负荷； 3. 调整电压

续表

故障现象	原因分析	排除方法
电磁接触器发出火花	1. 电动机超负荷； 2. 还原弹簧老化； 3. 加速过快（限速继电器调节功能失灵）； 4. 辅助接点磨损； 5. 消弧栅破损	1. 调整负荷； 2. 更换； 3. 调整继电器； 4. 更换； 5. 修理或更换

第四节　物　业　管　理

一、一般要求

1. 擦窗机设备所在大厦物业工程部应制定大厦钥匙管理制度并按照规定执行，专人负责保管高处作业设备钥匙，任何使用人均需要办理使用或借用手续。借用者需具备操作擦窗机所需要的一切经考核合格的相关证明和资格，作业结束后立即归还，做好归还记录。

2. 擦窗机使用人员需熟读设备使用说明书（含：操作手册、设备厂商告知等随机文件），牢记安全注意事项。作业人员应是经过技术培训和考核的合格人员，身体状况适合高处作业。注意：这里的作业人员是指操作擦窗机的合格人员。仅乘用擦窗机的工作人员只需要登高特种作业安全从业准入类资格即可。

3. 大厦物业工程部应指派合格人员定期对锚固点进行检查，必要时应组织落实修缮和更新。经业主物业授权的合格人员按《擦窗机》GB/T 19154－2017 和设备使用手册的规定进行检查和维护，重点关注设备组件、钢丝绳、电缆绝缘情况、后备装置元件铅封完整性、约束系统和磨损元件、润滑情况等工作内容。遇有台风或汛期，需要每日对设备锚固情况进行检查，确认锚固方式安全可靠。

4. 设备维修保养应委托原设备服务商或其他有能力的专业机构，由该专业机构安排持有特种作业操作证的有资格的专业人员（现场可能存在特种作业工况），经现场安全交底并授权后可以实施设备维修保养作业。

5. 建立设备使用与维护日志制度。《擦窗机》GB/T 19154—2017 规定的设备日志一般应记录如下要点内容：负责设备的合格人员姓名；设备操作者的姓名、单位和日期；机器起升机构和后备装置的序列号；设备使用小时数；钢丝绳规格及使用小时数；任何事故的处理措施的记录；定期检查的日期和结果的记录。

二、使用环境

1. 除原厂出品时配置以外，一般不建议在擦窗机上额外设置照明装置，或需要使用具有安全电源的临时照明装置。

2. 作业人员工作处风速小于阵风 5 级（8.3m/s），或以擦窗机使用说明书上规定的使用气象条件和安全告知事项为准。

3. 应保证擦窗机作业时无大雾、暴雨、大雪等恶劣天气。

4. 不提倡夜间作业，必须优先保障在可见光（白天）环境中作业。夜间或低采光条件下，作业需要落实作业范围内额外人工照明，照度要求为不小于 150lx。

5. 擦窗机作业环境中不得出现诸如可能带电的线缆（架空线），应预先做好安全区隔离防护，距离高压线大于 10m。

三、作业管理

1. 不允许单独一人作业，作业人员必须配备安全带和必要的防护用具。

2. 作业前，作业人员需携带物料称重，以确保不超过擦窗机设计荷载的承重限值，严禁超载使用擦窗机，严格遵守操作规程。

3. 擦窗机吊船平台下方，需做好必要的防护。作业时，作业区周围必须设立围栏、防护措施、警示警告和信息提示牌。作业区围栏面积应不小于立面作业面水平宽度的 3 倍，并附加醒目标志，禁止无关人员进入作业区。

4. 擦窗机作业时，应采取安全防护措施，保管好施工工具，防止高空坠物。

5. 当无法避免在可能有人通行的公共区域上空作业时，必须架设符合高空作业安全标准规定的安全网，强制要求在擦窗机上作业人员所用工具及物料均需要与擦窗机本体系挂连锁。

四、安全检查与紧急措施

1. 作业时断电，应立即切断电源，防止突然来电发生意外。

2. 作业时发生断绳，作业人员应及时安全撤离现场并由专业人员处理。

3. 严格关注大厦所在地政府对擦窗机施行安全检测的政策规定，并严格遵照执行。

4. 新安装的、大修后及闲置一年以上的擦窗机及吊船，启用前对下列零部件进行安全性能检查：

（1）限位装置，制动装置。

（2）安全锁。

（3）升降装置（含手动升降装置）。

（4）钢丝绳防松装置。

（5）电气安装装置。

（6）紧固件有否松动。

（7）焊缝有否裂纹。

（8）运动的零部件有否卡阻现象。

（9）减速及传动装置是否油量足够。

（10）进行按额定载荷的 125％进行试验（试验应在平台上进行）。

5. 大厦物业工程部无能力检查的项目，可委托有资质能力的检验机构、擦窗机原厂服务商检查和委托检测。

6. 每次使用前进行检查，检查项目和内容见擦窗机制造商提供的日常和定期检查项目表，并填写《擦窗机使用检查表》，见表 4-10。相关措施和处理结果等情况应记入设备日志并归档。

擦窗机使用检查记录（示例样表） 表 4-10

类别	周期/频次	检查项目	检查内容
卷扬提升马达及钢丝绳装置	月/1次	卷扬提升马达及制动器	声音和振动是否异常
	月/1次	超速紧急制动器	动作是否灵敏、可靠
	月/1次	驱动链及转轴	与悬吊平台的连接是否松动
	月/1次	钢丝绳导向装置	裂纹、变形
	月/2次	悬挂钢丝绳	有无损伤（刮丝、变形、松散）砂浆等杂物及锈蚀情况
	月/1次	悬挂机构、吊臂	配重块有无散失、破损；悬臂梁架连接是否可靠；定位是否可靠
	月/1次	台车行走马达及制动器	有无异常声响、温升和振动
	月/1次	台车前后转向	是否灵活、可靠
	月/1次	台车行走导向滚轮、导轨	是否灵活、润滑良好、无障碍物
	月/1次	吊船固定带（生命绳）	有无断股腐蚀等损伤现象
	月/1次	悬吊平台	扶手栏杆有否松动，底板是否破损和防滑，置是否破损，悬吊平台是否倾斜
吊船安全装置	月/1次	开口螺栓及螺帽	是否连接正确、紧固可靠
	月/1次	钢丝绳夹	是否牢固、有无松动
	月/1次	开尾螺栓	是否正常
	月/1次	安全锁	动作是否可靠、灵敏
	月/1次	吊船防撞滚轮	牢固可靠
电气装置	月/1次	总开关	动作是否正常
	月/1次	台车及吊船内按钮	插头、插座、指示灯是否完好
	月/1次	所有限位开关	动作是否可靠、灵敏，标牌是否完好
	月/1次	电源线、电缆线	有无破裂，标牌是否完好
	月/1次	电源线卷筒	转动是否灵活，有无障碍
	月/1次	通信设备	通信是否正常
其他	每次作业前	吊船下作业区每次作业前	是否设有警告线及标志牌
	每次作业前	使用前进行运行试验	将悬吊平台升至离地面 2～3m，作上下运行 2～3 次，运行是否正常

注：因擦窗机属定制产品，现场实施设备日常检查时，应详细阅读擦窗机设备手册、产品使用说明书，熟悉擦窗机制造商安全告知、日常检查保养要求。

五、设备定期检查

业主或物业管理单位应建立设备检验制度，一般分为全面检验和年度检验。依据《擦窗机》GB/T 19154—2017 的规定，擦窗机应根据检验方案每 6 个月全面检验一次，并覆盖工作范围内的所有功能的操作。安全装置的检查周期不少于 6 个月。完成全面检验后，由负责全面检验的合格人员向责任人出具检验报告，对潜在风险或严重缺陷，应立即向责任人发出停用通知。

建立设备年检制度，设备年检业主和物业单位有义务检验间隔不超过13个月。每使用2年后，设备年检应安排与全面检验一同进行，由合格人员见证年检载荷试验。年检过程中重点关注限位开关和超载检测装备是否正常。使用巴氏合金固定的钢丝绳接头应在2年内重新制作，年检后，由合格人员向责任人出具年检报告。《擦窗机》GB/T 19154—2017规定的对某些关键安全部件的定期全面检验项目，一般每10年进行一次。

1. 应记录擦窗机日常、定期检查情况

（1）覆盖日常检查内容。

（2）各零部件的锈蚀情况。

（3）提升机受载的零部件变形、损坏变形、损伤、制动片的磨损情况。

（4）电缆破损情况。

2. 分类管理好擦窗机的维修保养作业

（1）月度维修保养

1）控制箱电气设备的检查、清洁，各操作按钮、旋钮检查或维修。

2）启动设备，按正常操作对转动、回转部位进行检查。

3）各限位开关动作检查或调整。

4）检查钢丝绳及锁具。

5）安全可靠轮检查。

（2）季度维修保养

1）按月度的维修保养内容进行检查。

2）各减速电机检查，添加润滑脂。

3）传动链轮、链条检查，添加润滑脂。

4）钢丝卷筒系统检查，添加润滑脂。

5）钢丝绳排列机构检查，添加润滑脂。

6）各回转机构添加润滑脂。

7）各种滑环、碳刷检查。

（3）年度维修保养

1）按月度、季度维修保养内容进行检查。

2）更换所有减速电机的润滑脂，回添润滑脂。

3）检查测量回转部分齿轮啮合间隙和磨损情况。

4）检查钢丝绳排列机构或零部件的磨损和测量间隙。

5）检查钢丝绳表面质量，测量磨损量。

6）检查各部位的轴承。

7）检查吊臂、配重、安全靠轮的螺丝紧固情况。

8）超速测定或进行调整。

9）超载测定。

第五节 作 业 环 境

一、操作人员安全防护措施

1. 高处作业操作人员应首先检查安全防护措施是否做好，安全防护设备是否合格。检查项目包括：

装配环或吊带体是否损坏，在检查纺织部件时应检查老化、割破和磨损程度，有无腐蚀变色灼烧和变硬现象。连接钩有无明显的损坏或变形，尤其是在接触点，有无生锈、侵蚀和化学品污染及杂质堵塞。确保铰销和挡杆功能正常。

2. 操作人员应穿戴安全防护服装，不要佩带戒指、手表、首饰和其他悬挂物品，不要戴领带、丝巾等，应将工作服的拉链或纽扣系好，不敞开工作服工作，因为这些可能会卡到移动部件里，发生危险。现场若有特种作业，应作专项防护。

二、有风作业

强风能使工作平台的结构过载，风力超过5级（8.3 m/s）时，不得工作。

当超过设备制造商手册规定的允许的风速或达到现场所在地高空作业管制规定的有关风速限值时，应停止工作，将工作平台回复初始位置。

现场经验评估风力时，可参考表4-11。

在高层建筑物顶部具体实施作业时，应确认气象部门的天气预报，必要时使用风速仪确认建筑物顶部的实际风速。

现场经验评估风力对应表 **表4-11**

风力		风速（m/s）	现象
0	无风	0.3	烟一直向上
1	软风	0.3～1.4	看烟可知风向，风向标不转
2	轻风	1.4～3	树叶摇动，人的面部能感觉到风
3	微风	3～5.3	树叶和小树摇动
4	和风	5.3～7.8	尘土和纸张被吹起
5	轻劲风	7.8～10.6	水面上有小波浪
6	强风	10.6～13.6	旗杆弯曲，打伞行走困难
7	疾风	13.6～16.9	树在晃动，迎风行走困难
8	大风	16.9～20.6	树枝断裂，在开阔地行走困难
9	烈风	20.6～24.4	对建筑物有小的损害
10	狂风	24.4～28.3	对建筑物有较大损坏，树连根拔起

三、擦窗机工作条件

1. 环境温度：－10～ 55℃。

2. 环境相对湿度不大于90％（25℃）。

3. 电源电压偏离额定值±5%。

4. 工作处阵风风速不大于8.3 m/s（相当于5级风力）。

5. 载重量不超过吊船额定载荷。

四、擦窗机的一般存放条件

1. 环境温度：－30～50℃。依厂家产品定制要求不同，存放条件指标可能存在差异。

2. 空气湿度：90%。

3. 若长期不使用（半年及以上），应采取防晒、防雨、防锈措施。

五、危险源识别要求

擦窗机不得在有火灾、爆炸危险的区域、高热、腐蚀性的环境以及对操作人员健康有害的粉尘环境工作。

应由作业现场管理方进行安全告知、安全交底，熟悉作业场所危险源，并采取必要的防范措施。

六、作业可视性要求

光线暗淡或能见度低时禁止工作。如果必须在低能见度或夜间工作，则应采取措施在平台工作的整个区域保证良好的能见度。若只保证部分区域或一个方向的能见度，则可能导致人员严重伤害的危险。

第六节　设　备　外　借

在征得擦窗机业主或设备物业管理单位同意的前提下，申请借用擦窗机设备实施外立面维护作业的使用单位，应向擦窗机设备管理方提供必要的作业实施方案、安全保护方案、机构资格与人员资格能力证明、岗前安全与技术交底培训方案等文件，包括但不限于：

（1）施工方须提供施工组织设计（包括施工方案、施工时间段、计划工作区域、施工人员）。

（2）公司合法登记注册的相关证件。

（3）安全生产许可证。

（4）使用设备的检测报告及合格证。

（5）施工人员身份证及特种作业证（复印件存档）。

（6）施工单位对施工人员施工前培训资料，可协助联系擦窗机厂家进行操作培训，并进行笔试考核，身份证复印件与考核答题应存档。

（7）施工单位须在物业公司安全人员在场的情况下对施工人员进行安全培训。

（8）施工方须提供本次施工的安全措施应急预案。

使用前应按规定程序和内容对设备进行检查，使用单位在擦窗机设备使用交接表上进行签字确认。

每次擦窗机使用完毕后，按设备手册及使用规程进行设备和动作检查并记录（使用单位与物业共同确认并双方签字）。

第七节 人员职责

一、设备业主及授权代表

1. 擦窗机设备所有者、大楼业主是擦窗机安全工作的责任主体单位，设备安装维护单位接受业主委托为擦窗机设备提供技术服务，属于业主授权的第三方设备服务单位。

2. 相关责任主体单位均应为其派驻现场的人员提供安全培训，做好安全交底，按规定配备必要的安全防护用品和作业工具，做好现场安全管理。

3. 设备交付使用后，设备业主和被授权者有做好日常检查、维护保养、保持设备正常功能的义务。

二、设备商驻场管理代表

1. 派驻的工程管理人员负责收集土建及设备管线等图纸，提前进行工地现场勘查，做好擦窗机分项安装作业方案，制定安全技术措施；向现场作业人员实施安全交底和技术交底并留存记录备查；落实安全检查，现场技术指导；组织擦窗机安装所需材料、构配件和设备进场，协调吊装运输，与现场监理、业主代表、设计方、总包方和设备服务商本部做好沟通协调，监控擦窗机分项各工序质量，做好隐蔽工程报验；控制好施工进度和现场人财物消耗，及时收集整理验收资料和有关工程记录；组织擦窗机设备调试、设备分项验收，最终交付和工程报验等。

2. 检查并落实设备商的各项安全管理制度、现场安全技术保障措施。

3. 日常安全管理工作的重点：加强工人安全文明施工教育，做好进场前的安全交底，并针对安全管理必须贯穿于施工管理的全过程，首先应建立安全生产文明施工保证体系，制定有针对性的安全技术措施和专项安全生产方案，做好班前安全技术交底工作，并突出抓好阶段性的安全工作重点，针对不同阶段的工程特点做出重点防范。埋件轨道安装过程做好临边防护，防高空坠物，登高防护工作；设备吊装过程做好人员疏导，防高空坠物，脚手架的稳定等工作；施工全过程必须遵循“安全第一，预防为主”，落实安全用电、个人安全防护等。

三、设备商驻场安装人员

1. 擦窗机设备商应对其现场安装作业人员的资格、能力和工作质量负责。

2. 若涉及特种作业，应遵守从业准入规定，取得特种作业资格，进场前进行全员安全教育、作业前安全交底、熟悉作业方案，得到现场主管方授权后方可进场作业，如图4-2所示。

3. 设备安装作业人员应经岗位知识和岗位能力培训考核合格并授权。

4. 安装人员应遵守作业规程、遵守安全制度，做好个人和成品安全防护。

图 4-2　培训后经主营授权进场作业

四、擦窗机操作人员

1. 擦窗机交付后，应由大楼业主或物业公司选派并授权由具有专业能力和经过岗位培训合格的操作人员操作设备。操作前须已通过专业培训，已通读并理解擦窗机随机手册和使用说明书，在使用擦窗机方面已通过安全训练。未经岗位能力培训考核合格并得到授权的人员，不得操作擦窗机作业。

2. 操作人员应全面掌握擦窗机及相关行业的各项安全操作规程及注意事项，严格按照安全要求进行操作，不得违章操作，并要掌握在出现紧急情况时及时正确的处理方法。

3. 专业操作人员的年龄不应小于 18 周岁，身体及精神条件要能够满足操作要求。专业操作人员不应有任何疾病、残疾或者其他不适应登高的现象（心脏病、恐高症等），以免妨碍其在吊船平台上有效地履行其岗位职责。

特别提示：现场操作者是唯一能负责自己以及机器安全的人，必须执行擦窗机制造商告知的所有的安全规程和施工作业标准。安全装置是用来保护操作者的，而不是用来监督操作者的，但安全装置可能出现故障或因不适当的操作而发生失效风险。操作者是整台机器中唯一能思考的因素，操作者的责任并不能因为安全装置的存在而有所减少。操作者在实际操作中禁止任何精神松懈。

五、安全检查人员

1. 应随时注意观察工作面和周围环境，及时处理各种突发情况。

2. 实施高处作业，应首先检查人员安全防护措施是否全部逐项做好，防护设备是否齐全、合格，并正确佩戴或携带。该环节的检查项目包括：

装配环或吊带体是否损坏，在检查纺织物部件时应检查老化、割破和磨损程度，有无腐蚀变色灼烧和变硬现象。连接钩有无明显的损坏或变形，尤其是在接触点，有无生锈、侵蚀和化学品污染及杂质堵塞。确保铰销和挡杆功能正常。

3. 检查操作人员均应穿戴安全防护服装，不要佩带戒指、手表、首饰和其他悬挂物品，不要戴领带、丝巾等，应将工作服的拉链或纽扣系好，不敞开工作服工作。检查特种作业专项防护措施到位情况。

4. 必要的酒精测试检查，服用对反应能力有影响的药品或含酒精饮料的人员，不得参与实施操作作业。

5. 检查吊船在空中作业期间所需物品工具的完备性，应在地面检查中排除吊船内物品发生坠物而砸伤地面人员的危险。禁止工人从工作平台上或者往工作平台上扔物品。

6. 检查安全防护用具佩戴情况，开始操作前，应把安全带紧固到平台上专用的结点上。严禁操作人员不系安全带进行作业。

7. 检查设备作业结束后的归位和防护情况。专业操作人员在机器使用完毕后，应将机器停放于规定的停机位置，做好防护。

六、物业现场管理人员

1. 应完全熟悉紧急应急程序。

2. 应复核确认操作人员为经专业培训且考核合格人员，由现场主管方对操作人员授权，履行安全交底程序后，方可使用擦窗机设备。

3. 应确保擦窗机设备由专人负责管理，吊船平台内始终有两人在同时工作，尽可能避免工作吊船平台内由一个人单独操作（防止平台空中倾斜），严禁吊船工作平台超载。

4. 擦窗机设备在工作过程中，应始终保持在擦窗机台车主机旁有专门的操作人员进行作业监视。

5. 每次操作擦窗机设备，都应做好登记，并将使用情况记录于《设备使用日志》，长期保存，以便于实施维保、维修时参考。

6. 提供二套钥匙（包括楼顶钥匙与机器电源钥匙），经由业主授权相关责任机构和责任岗位人员管理使用：（1）一套交给大楼擦窗机主机旁的监督人员，专业保管。（2）另一套交给擦窗机专业操作人员。在擦窗机交付大厦业主、物业管理方后，在设备日常管理工作中，上述擦窗机主机旁的监督人员应确保只有操作人员的一套钥匙才可以使用本设备；上述监督人员的一套钥匙只有在真正紧急状态下才可启用。

7. 擦窗机设备安全保护装置在设备移交之前已调试好，勿擅自拆除或更改，限位开关在任何情况下都不得拆除和短接。大楼保安巡视和物业管理人员日常检查中应重点关注以上事项。

第五章 作 业 安 全

擦窗机是高空作业专用设备，其使用操作是否正确合理直接关系到作业人员的安全。设备使用不当不仅导致机器的损坏，还可能导致操作者或人员发生安全事故导致伤亡。因此，在设备使用操作过程中，人员及相关设备、设施的安全与防护是主要考虑因素，作业安全防护是使用擦窗机实施建筑物外墙维护工作的重中之重。

第一节 高 处 作 业

擦窗机的安装及维护使用等作业活动，都处在高空环境，存在一定的高空坠落风险。长期以来，高处坠落也是我国建筑施工现场伤害事故中比率较高的伤亡事故类型，因此，现场作业相关参与单位和人员均应切实增强安全意识，重视落实擦窗机高空作业人员的各项防护技术措施，提高现场安全管理水平。

一、高处作业的定义和类别

1. 定义

根据有关国家标准的规定：“凡在坠落高度基准面 2m 以上（含 2m），有可能坠落的高处进行的作业均称为高处作业。”坠落高度的基准面，即坠落时最低着落点的水平面。高处作业包含三个含义，一是落差等于或大于 2m 的作业处：二是作业处有可能导致人员坠落的洞、孔、坑、沟、井、槽及侧边等；三是落差起点定为 2m，一般情况人员坠落会引起伤残或死亡，必须制定必要的安全措施。

根据标准的定义，无论作业位置在多层、高层或是平地，都有可能处于高处作业的场合。建筑物内在建的楼梯边、阳台边、电梯井道、各类门窗洞口等处的作业，凡有 2m 及以上坠落距离的，均属于高处作业；如基坑边、池槽边等，即使人员在平地±0 标点附近进行作业，只要有 2m 及以上的落差距离，同样属于高处作业。

2. 分级分类

按照国家标准《高处作业分级》GB/T 3608—2008 的规定，高处作业按作业点可能坠落的坠落高度划分，可分为四个级别，即坠落高度 2～5m 时为一级高处作业；坠落高度 5～15m 时为二级高处作业；坠落高度 15～30m 时为三级高处作业；坠落高度大于 30m 时为特级高处作业。坠落高度越高，坠落时的冲击能量越大，危险性也越大。同时，坠落高度越高，坠落半径也越大，坠落时的影响范围也越大，因此对不同高度的高处作业，防护设施的设置、事故处理的分析等均有不同。一级高处作业的坠落半径为 2m，二级高处作业的坠落半径为 3m，三级高处作业的坠落半径为 4m，特级高处作业的坠落半径为 5m。

按高处作业的环境条件如气象、电源、突发情况等，又可分为一般高处作业及特殊高处作业：一般高处作业即正常作业环境下的各项高处作业；特殊高处作业是在危险性较大、较复杂的环境下进行的高处作业，又可分为以下八类：

（1）强风高处作业：在阵风风力 6 级（风速 10.8m/s）以上的情况下进行的高处作业。

（2）异温高处作业：在高温或低温环境下进行的高处作业。

（3）雪天高处作业：降雪时进行的高处作业。

（4）雨天高处作业：降雨时进行的高处作业。

（5）夜间高处作业：室外完全采用人工照明时进行的高处作业。

（6）带电高处作业：在接近或接触带电体条件下进行的高处作业。

（7）悬空高处作业：在无立足点或无可靠立足点条件下进行的高处作业。

（8）抢救高处作业：对突发的各种灾害事故进行抢救的高处作业。

在上列八类特殊高处作业中，建筑施工现场有可能遇到的有夜间和悬空两类，其他大多是一般高处作业。

二、建筑施工中的高处作业

根据建筑施工的特点、环境和要求，进入高处作业必须执行行业标准《建筑施工高处作业安全技术规范》JGJ 80—2016 的各项规定。

1. 按作业场合和内容，建筑施工的高处作业一般包括：

（1）临边及洞口作业：如扶梯阳台边、基坑边、电梯井道边、阁楼人孔处等。

（2）攀登及悬空作业：借助梯子、临设架子平台登高作业，高空吊装及混凝土浇筑等。

（3）操作平台及交叉作业：搭设操作平台作业，不同层面同时进行的作业。

以上三种高处作业环境，一般以未设防前的原始状态来界定，随着防护设施的完善，作业环境也会互相转化，如电梯井道的各层面，在未安装电梯时，既是洞口作业又是临边作业。悬空作业和平台作业在设置护栏后，就会处于临边作业；安装扶梯后又会进入攀登作业，因此施工现场的防护设施，应有机组合并灵活运用。

建筑机械设备安拆使用中，临边作业、攀登作业、悬空作业、平台交叉作业的情况可能发生的较为常见，因此作业人员熟悉并掌握高处作业安全防护规定非常重要。

2. 高处作业的安全技术措施，主要包括：

（1）根据不同的高处作业场合，应设置相应的防护设施，如防护栏杆、挡脚板、洞口的封口盖板、临时脚手架和平台、扶梯、隔离棚、安全网等。安全防护设施必须牢固、可靠，符合标准的规定。

（2）必要时应设置通信装置，并指定专人负责。

（3）高处作业周边部位，应设置警示标志，并按级别、类别做出标记（特殊高处作业的种类可省略），例如："三级，一般高处作业；二级，夜间高处作业"等。

（4）夜间的高处作业应设置足够的照明，临边洞口、深井通道处应挂有红色警示灯。

（5）凡从事高处作业的人员，应体检合格、达到法定劳动年龄、具有一定的文化程度、接受规定的安全培训；特殊高处作业人员经培训合格，符合从业准入条件，获现场授权具有作业资格后，方可上岗。

（6）施工单位应为高处作业人员提供合格的安全帽、安全带等安全防护用具；作业人员应正确佩戴和使用。

（7）高处作业的工具、材料等，严禁抛掷；作业人员应沿规定路线和专设的施工扶梯及通道上下，严禁跨越或攀登防护栏杆、脚手架和平台等临时设施的杆件。

（8）雷暴雨、大雪、大雾、风速达到或大于六级（10.8m/s）时的气候条件，不得进行露天高处作业。

（9）高处作业实施前，应制定施工方案，由技术负责人审批签字；对安全防护设施应组织验收，不合格的应及时整改；经验收合格的由有关技术安全人员签字后方可实施。

（10）临时拆除或变动安全设施的，应经项目技术负责人审批签字，经组织验收合格，并由有关技术安全人员签字后方可实施。

综上所述，高处作业必须满足的四个条件：现场设施（硬件）条件、人员条件、气象条件、技术保障条件。在高处作业的工程施工期间，还应加强安全巡查，建立安全员值班制度，指定专职巡查员。

第二节　防护设施和防护用品

一、防护设施

高处作业的安全防护设施，必须按有关规定、分类别进行逐项检查和验收，验收合格后方可进行高处作业。

1. 验收方式

可按工程进度分阶段进行，也可按施工组织设计分层进行。

2. 验收内容

（1）整体检查和验收：包括所有高处作业场合的安全措施设置情况，是否规范、符合要求。

（2）工具、材料检查和验收：包括所用扶梯、钢管、扣件、型钢、竹木材料等的材质、外观是否符合要求；安全网、折叠梯等外购件，是否有合格证明，必要时应进行合格验证；安全帽、安全带、防滑鞋等个人安全防护用具是否齐全完好。

（3）安装、固定连接的检查和验收：平台、临时脚手架的搭设强度、刚度及整体稳定性；防护栏杆、栅栏门、安全网的固定情况；洞口防护设施、交叉作业隔离设施的设置情况等，扣件或其他绑扎的紧固程度。

（4）各类警示设施是否齐全。如高处作业标志、警示区域设置、深井通道及洞口、基坑等，夜间警示红灯的设置。

3. 资料管理

高处作业的安全技术管理，应具备以下资料：

（1）施工组织设计及有关验算数据。

（2）安全防护设施的验收、检查记录。

（3）安全防护设施的整改、复查、变更记录及签证。

高处作业的安全防护设施，经检查不合格，必须按时整改，复查合格方可进入作业。施工期内，应定期进行检查。

二、安全帽

安全帽、安全带、安全网在建筑工地有救命“三宝”之称，并为《建筑施工安全检查标准》JGJ 59—2011 规定的“三宝四口”检查的专项内容，制作安全帽的材料品种较多，有塑料、玻璃钢、藤竹等，无论选用哪种安全帽，都应是满足下列要求的合格产品：

1. 耐冲击性

将 5kg 重的钢锤自 1m 高处自由落下，冲击安全帽，形成的冲击力不应超过 5000N，因为这是人的颈椎耐冲击极限。

2. 耐穿透性

用 3kg 重的钢锥，自 1m 高处自由落下，钢锥可以穿透安全帽，但不能碰到头皮。这就要求，在戴安全帽情况下，帽衬顶部、侧部与帽壳内每一侧距离均保持在 5～20mm。

3. 耐温、耐水性

根据安全帽的不同材质，在 50℃、10℃及水浸三种方法处理后，仍能达到上述的耐冲击、耐穿透性能。

4. 安全帽的侧向刚性应达到有关规范要求

三、安全带、安全绳、工作绳

悬空作业如脚手架的搭设、混凝土及钢结构件的吊装、大型设备及施工机械的安装等，操作人员都应牢系安全带。

悬吊接近作业的吊船操作人员应按规定系挂安全绳，安全绳的挂点应设在建筑物主体结构上并可靠连接。

吊船操作按设备使用说明书正确布设和使用工作绳，确保操作员生命安全和作业安全。

安全带应选用符合标准的合格产品，使用时要注意以下几点：

1. 安全带应高挂低用、防止摆动和碰撞；安全带上零部件不得任意拆卸。

2. 当安全带使用 2 年时，使用单位应按购进数量的一定比例，作一次抽检：用 80kg 沙袋做自由落体试验，若未破断，该批安全带可继续使用，但抽检的样带应更新使用；若试验不合格，该批安全带就应报废。

3. 安全带在荷载下安全作用过一次，或外观破损、有异味时，应及时更换。

4. 未受荷载的安全带，使用 3～5 年应报废。

四、安全网

1. 安全网的种类

按其功能和材料可分为锦纶（大眼）安全网、密目式安全网两类。根据使用场合的受力情况不同，锦纶（大眼）安全网按其规格、尺寸和强度要求，又可分为平网与立网两种。

2. 安全网的使用场合

平网用来承接人和物坠落的垂直载荷，故基本按水平方向安装；立网用来阻挡人和物坠落的水平载荷，故基本按垂直方向安装。平网的使用场合较为广泛，如深井通道、外脚手架、交叉作业等的防坠隔离。密目安全网主要用于脚手架、作业平台、临对设施等高处作业的围挡。

3. 安全网的产品要求

（1）平网和立网

一般都用白色锦纶、维纶或尼龙编织成方形或菱形网眼，禁止用性能不稳定的丙纶制作。网目边长不得大于 10cm；围网的边绳和拉结用系绳的抗拉强度：平网不低于 7350N，立网不低于 2940N；耐冲击性能：平网应能承受 10m 高度，100kg 的沙包冲击试验；立网应能承受 2m 高度，100kg 的沙包冲击试验。

（2）密目式安全网

应采用阻燃性的化纤材料制作。孔目数在 10cm×10cm 面积内，不小于 2000 目（孔径不大于 2.2mm）。耐贯穿性能：水平夹角为 30°，挂网后，网中心上方 3m 高处，5kg 的脚手架钢管自由落下（管口削平向下），不应被贯穿；耐冲击性能：水平夹角为 30°，挂网后，网中心上方 1.5m 高处，100kg 重沙袋自由落下，网边撕裂长度应小于 200mm。

4. 安全网的使用注意事项

（1）施工现场选用安全网，必须有产品合格证明或符合要求的试验证明。

（2）多张网连接使用，应紧靠或重叠；安全网的拉结、支撑、连接应牢固可靠，系绳固结点与网边要均匀分布，系结点与网边间距不大于 75cm。

（3）应根据使用场合选用合适的安全网，立网不能代替平网。

（4）在输电线路附近安装安全网时，须向有关部门请示，获准后采取防触电措施。

（5）要注意安全网张挂高度：高处作业超过 15m 时，应在以下 4m 处张挂平网；交叉作业场合，应在建筑物二层起张挂安全网；落地脚手架两步起，应设立网，八步起应设平网：平网的负载高度（间距）一般不超过 6m，因施工条件需超高时，最大不得超过 10m。

（6）安装平网应外高里低，与水平面成 15°为宜；平网伸出建筑物或脚手架等设施边沿距离，不得少于 2.5m，负载高度为 5～10m 时，不得少于 3m。

第三节　危　险　识　别

一、主要危险和危险场合

根据对擦窗机的危险程度，本节参照《擦窗机》GB/T 19154—2017 所列危险列表，列举了与擦窗机关联密切的危险和危险状况，对应条款，提出了需重点关注的擦窗机活动场合。见表 5-1。

详细了解这方面的内容，请查阅相关标准、具体机型的设备随机手册和制造商安全告知等。

擦窗机的危险形式对应活动场合表　　表 5-1

序号	危险形式		需关注擦窗机的活动场合
1	机械	机械零部件形状	吊船护栏高度是否符合高处作业要求
		质量与稳定性	配重的稳定性（数量及位置、建筑结构强度）
		机械强度不够	轨道、钢丝绳、起升机构等
		弹性元素（例如：维修弹簧式收揽器）	维修活动
		压力下液体和气体、高压液体喷射	液压驱动系统
		间隙不够造成的挤压危险	通道间隙、安装组装与试运行等活动
		缠结、剪切、切割或切断	运动部件、罩壳间隙等
		受困	运动部件
		吊船向建筑物立面冲击	约束系统、竖向引导、靠墙轮、缓冲轮、风环境
2	电气	有电部件直接接触人员	绝缘防护等级
		与带电故障部件接触人员	主电源保护、安装组装与试运行等活动
3	噪声损害		运行噪声限值
4	人机工程学方面	不健康姿势或过度疲劳：如最小自由度、手柄最大作用力、可携带部件最大重量	钢丝绳收揽器、曲柄或手柄操作起动机构、物料提升或玻璃起吊装置、可移动插杆的自重和尺寸
5	吊船尺寸人体工程学指标上考虑不周		吊船的整体设计与尺寸布局
	忽略防护装备、照明不足、超载或低载		设备使用、操作与检查
	人为错误习性、操作无意识的指令、对标准组件式吊船的组装采取错误的连接		控制系统、紧急装置、吊臂控制、动力设备安全部件、组合式吊船
6	意外开机、意外超限或超速	控制系统失效或故障致困人和异常运动	控制系统、紧急装置、吊臂控制
		动力源中断后恢复	动力操作设备中控制系统的安全部件
		外界对电气设备的影响	电气防护、动力操作设备中控制系统安全部件
		软件错误	动力操作设备中控制系统安全部件
7	不能在安全条件下停机工作		安全规定及应急程序，主制动器，设备使用、检查与操作
8	动力源失效		无动力下降
9	控制电路失效		动力操作设备中控制系统安全部件
10	装配错误		组合式吊船、安装组装与试运行等活动
11	操作中的故障		动力操作设备中控制系统安全部件，设备使用检查与操作
12	异物坠落、喷射物体或液体		吊船及吊船内的工作活动
13	机械失稳或倾覆		配重不足、配重位置不当、建筑结构强度不足

续表

序号	危险形式		需关注擦窗机的活动场合
14	人员滑倒、跌倒跌落		吊船地板踢脚板、起升过程、吊篮水平控制、设备安全接近、吊船物体坠落、落物进吊船等
15	运动附加危险和危险场合	移动速度超过屋面人员行走速度	动力行走
		吊船运动时过渡摆动	动力行走、吊臂、回转
		机械减速、停止的能力不够和不稳定性	主制动器、伺服制动器
16	与工作位置有关	接近工作位置时的人员坠落	作业范围、通道间隙、悬挂轨道和爬轨器
		在工作位置的机械危险（行走轮、人机接触、屋面人员控制机械）	通道间隙、动力行走
		座椅不适	悬吊座椅
17	控制或控制装置空间不够		吊臂、动力操作设备中控制系统安全部件
18	运输机械缺乏稳定性		运输与搬运
19	电池危险		动力驱动系统（电池组）
20	未经允许启动或启用		吊臂、动力操作设备中控制系统安全部件、设备使用、检查与操作信息
	缺少足够的视听警报措施		设备标志、随机配置手册物品等
21	未对操作者做充分指导		设备使用、检查与操作信息
22	起升时的附加危险和危险场合	缺少稳定性（配重不足、未固定、建筑结构轻度不足）	悬挂计算、配重、设备使用、检查与操作
		不可控制的装载、超载、倾翻力矩超限（由于：载荷重量未知、吊船被刮住、吊船承受两个不等载荷、快速切换开关造成载荷在钢丝绳上自身摇摆）	附加物料提升机、超载检测装置、障碍物检测（防撞杆）、动力操作设备中控制系统安全部件、控制系统
		运动幅度不可控制	约束系统、动力起升限位开关、驱动系统运行限位
		载荷的意外或非意外运动	附加物料提升机、后备装置
		固定装置或附件不足	约束系统、主制动器、气动或液压伺服制动器
		吊船底板、护栏和踢脚板	对吊船的要求、吊船出入门
		吊船的水平控制	保持吊船水平的防倾斜装置、后备装置
		设备的安全接近	使用范围、吊船出入门
		钢丝绳锚固点的安全接近	设备安装、试运行和重新组装
		从吊船上坠落物体	吊船和防护
		擦窗机出轨	台车及轨道系统
		部件机械强度不足	结构与稳定性与机械设计计算
		滑轮和起升机构设计不完善	起升系统

续表

序号	危险		需关注擦窗机的活动场合
22	起升时的附加危险和危险场合	链条、钢丝绳和附件选择与装配不适当	悬挂装置
		用摩擦制动器降落载荷	主制动器
		非正常条件下的组装、试运行维护或错用不当部件	悬挂装置
		载荷与人员的相互作用（载荷或配重冲击）	附加物料提升机、滑轮卷筒牵引绳、配重
23	照明		设备安装、试运行和重新组装

二、有关钢丝绳的危险识别

钢丝绳出现《起重机　钢丝绳　保养、维护、检验和报废》GB/T 5972—2017 中关于报废的现象，应根据标准进行判定，并依据擦窗机制造商设备手册和维护使用说明书有关安全技术规定妥善处理。

擦窗机钢丝绳出现表 5-2 的情况时，应立即妥善处理，必要时应联系制造商更换钢丝绳。

影响擦窗机正常使用功能的各类钢丝绳损伤情况示例表　　表 5-2

严重扭曲变形　散股　松结

断裂　破损　折弯

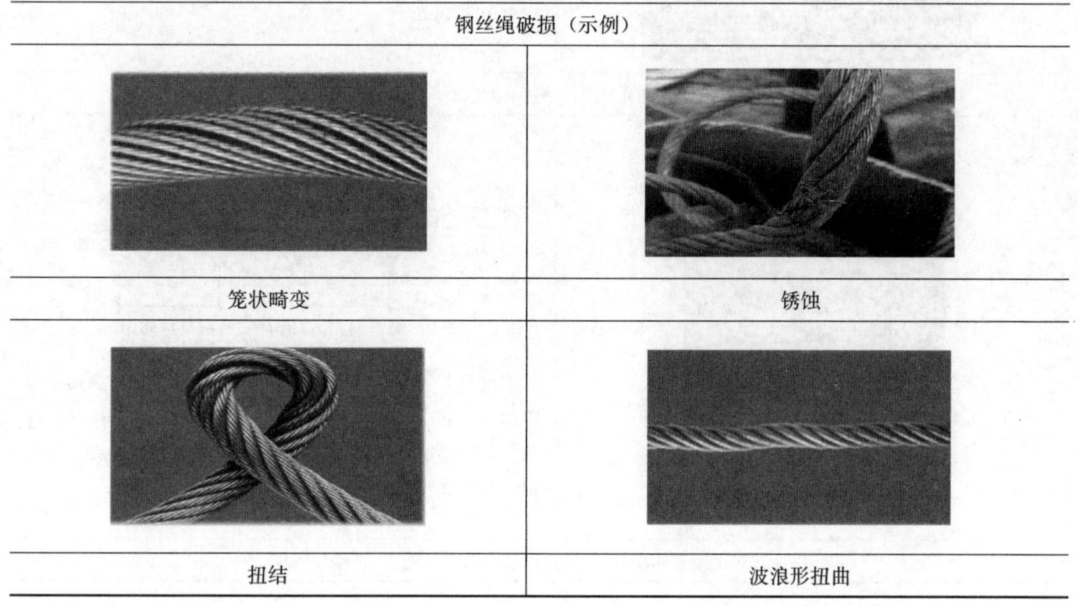

钢丝绳破损（示例）

笼状畸变　锈蚀

扭结　波浪形扭曲

续表

<table>
<tr><td>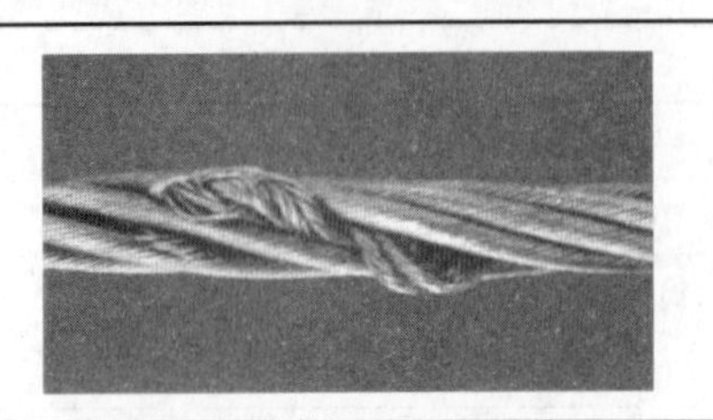</td><td></td></tr>
<tr><td>绳芯挤出</td><td>绳径局部减少</td></tr>
<tr><td></td><td></td></tr>
<tr><td>绳股挤出或扭曲</td><td>钢丝绳局部压扁</td></tr>
<tr><td></td><td></td></tr>
<tr><td>钢丝挤出</td><td>钢丝绳断丝、松弛、断绳</td></tr>
<tr><td></td><td>《建筑塔式起重机安装、使用、拆卸安全技术规程》JGJ 196—2010 中 6.2.3 规定：当钢丝绳的端部采用编结固接时，编结部分的长度不得小于钢丝绳直径的 20 倍，并不应小于 300mm</td></tr>
<tr><td colspan="2">吊装作业中吊索钢丝绳编结长度不符合标准</td></tr>
<tr><td></td><td>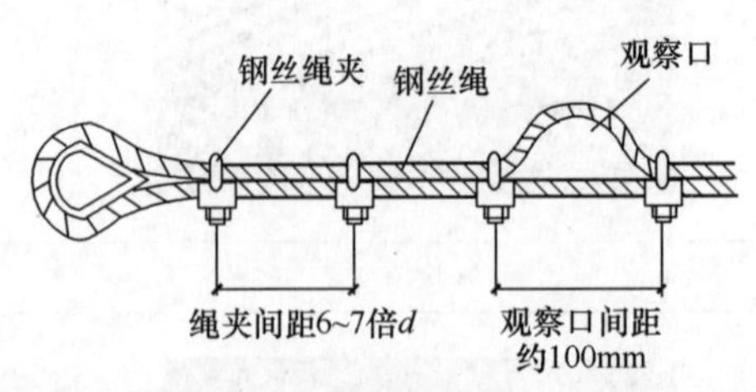

钢丝绳夹间距应达到钢丝绳直径的 6～7 倍，观察口间距约 100mm。应定期检查观察口，如果发现存在缩小现象，证明钢丝绳有滑动发生。此时应紧固钢丝绳夹，避免钢丝绳滑落导致事故发生</td></tr>
<tr><td colspan="2">钢丝绳夹间距设置未达到钢丝绳直径的 6～7 倍</td></tr>
</table>

第四节　事　故　预　防

一、设备操作人员、环境的常见违章

设备操作人员、环境常见违章情况4种示例，见表5-3。

设备操作人员、环境常见违章情况示例表　　　　表5-3

序号	违章行为描述	场景提示	应对处置
1	在风力5级以上、暴雨、大雾、风雪、冰雹、高温酷暑等恶劣天气，以及沙尘暴、乌云、夜晚、雾霾等照明不够情况下作业		关注天气预报，做好设备防护；及时告知，恶劣天气应停止作业
2	作业区域未彻底清场，作业区域和设备工作通道区域有闲杂人员		专人检查清场
3	在吊船作业下方设安全防护区，仍有人员在安全防护区走动		专人检查清场
4	操作人员未获现场主管的授权，个人擅自决定作业和上机操作。操作人员未接受现场实施安全交底和施工方案技术交底程序		履行对现场所有人员先培训考核，后授权上岗的规定程序。凡与设备作业有关的事项，应先请示，后实施。凡作业面内设备操作或运行，应先勘察，后启动。操作员有权拒绝非授权上机和危险作业

二、设备操作程序的常见违章

设备操作程序常见违章情况5种示例，见表5-4。

设备操作程序常见违章情况示例表　　表 5-4

序号	违章行为描述	场景提示	应对处置
1	操作人员未满 18 周岁以及不符合从业准入规定的人员		遵守《未成年人保护法》和《劳动法》，录用时检查核实年龄，确保用工年龄符合从业准入条件规定
2	患有高血压、心脏病、精神病等体检不合格人员作业		录用时健康体检
3	不适于高空作业（如：恐高）的人员作业		做好从业岗位健康要件告知、日常观察
4	操作人员酒后作业、疲劳作业。未认真阅读理解擦窗机操作使用说明书的人员作业		做好安全告知、安全主管岗前检查、操作人员监督互查。擦窗机操作使用说明书应随机、随身携带，操作人员上机前或设备作业前应养成阅读习惯，了解掌握作业要点
5	非合格人员和操作者作业（未经岗位培训、未取得擦窗机操作岗位能力资格证明和未被授权的人员作业）		全员做培训、岗前培训、安全培训，做好考核记录。 从事起重吊装、电焊、高空安拆等特种作业人员应考取从业准入资格，如：特种设备作业人员证、特种作业资格证等，应持有效资格证件上岗作业

三、设备操作前检查中的常见违章

设备操作前检查中的常见违章情况 15 种示例，见表 5-5。

设备操作前检查中的常见违章情况示例表　　表 5-5

序号	违章行为描述	场景提示	应对处置
1	设备带病作业（如：设备限位开关损坏或按钮损坏而继续工作）		履行使用前检查程序

续表

序号	违章行为描述	场景提示	应对处置
2	设备长时间停放、未保养；操作前未对设备各动作按手册规定程序检查试动作，贸然开始操作	 违章 学规程 反违章	查阅设备使用日志、保养记录、试运转记录，复核动作程序。安全专职人员与操作者共同验收后，方可使用
3	设备在使用前，未按照使用说明书对各部件进行检查	 使用说明书	查阅检查维护记录和设备使用日志
4	通信不畅或无通信的情况下作业		复核对讲机及通话功能，保持畅通通信
5	擦窗机应2人同时操作（站于吊船两端的操作人员应向各自所在侧方向的地面观察人员进行通报），在任何一方无准备的情况下操作了控制按钮		入场和上机前检查并清点岗位人员，签到。 确认被授权操作人员和对应对面人员已到位，按程序对设备正确试动作
6	单人操控擦窗机	 严禁单人操作	作业前检查人员的到位情况，严格执行双岗配置方案和地面专职观察员分别与吊船内人员的通信原则
7	单人指挥擦窗机	 严禁单人指挥	

续表

序号	违章行为描述	场景提示	应对处置
8	未对擦窗机的起升机构进行检查确认有无异物，就直接开机作业		开机前，履行机构检查、轨道检查，作好记录
9	工作人员未戴安全帽、未系安全带就开始作业		入场检查，现场自查、互查
10	在建筑外侧进出平台吊船		自查、互查、安全员巡视检查，吊船在建筑物女儿墙内侧屋面平台停稳后方可允许人员进出吊船
11	安全绳丢失未及时补全，擅自开始作业		自查、互查、安全员巡视检查，设备使用前逐项检查，复检整改完善情况共同验收并记录
12	设备使用前未对各动作检查（刹车有效固定和上下限位保护装置）；设备操作前未对轨道面进行检查是否有障碍物，就开始作业		加强设备使用前的环境检查，确认被授权操作人员按程序对设备正确试动作，共同验收并记录于设备日志及检查表

续表

序号	违章行为描述	场景提示	应对处置
13	擦窗机电源线中间有接头		操作人员检查，设备管理员加强日常巡检，作好整改验收记录
14	平台内物品杂乱，平台内人员吸烟、动焊和明火作业	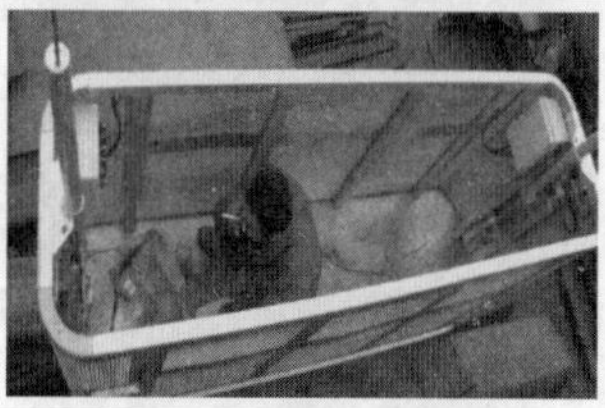	操作人员自查、互查、安全员巡检纠正，作业监视人员及时警示纠正
15	未经请示程序，将擦窗机作为起重机使用		做好外立面作业管理，严禁超范围、超功能和不按使用手册与说明书的规定使用擦窗机

四、设备操作中的常见违章

设备操作中的常见违章情况 36 种示例，见表 5-6。

设备操作中的常见违章情况示例表　　表 5-6

序号	违章行为描述	场景提示	应对处置
1	设备使用前未将固定平台和大臂的固定带松开就开始作业		作业前，按程序进行检查，清理影响设备运行的固定物或障碍物
2	设备操作前未将夹轨钳松开，就开始作业		按手册规定程序，逐部位检查，安全员与操作者和检查人员共同验收并记录

续表

序号	违章行为描述	场景提示	应对处置
3	设备工作半径外沿与高压线距离不足 10m 作业		联系安全管理人员、专业电工，落实作业防护
4	设备运行时未照顾好随行电缆，设备电源开关接通、电源插头防拉脱网未固定就开始作业	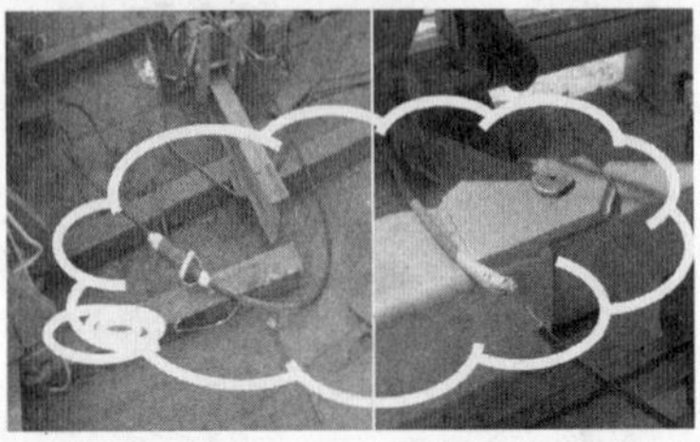	开机前逐项做好检查； 主机方设作业监视人员，随时处置非正常状况
5	未使用插头而直接将电缆与插座连接。直接在设备配电箱内接临时电路供电动工具使用		岗前安全培训交底； 执行启动前检查程序
6	在平台内接电使用电动工具		岗前安全培训交底； 检查操作人员高空作业所携带工具，复核工作任务清单及对应工器具
7	强行短接线路进行作业、带电接线； 设备操作时，操作人员未将电源线从漏电开关处接入	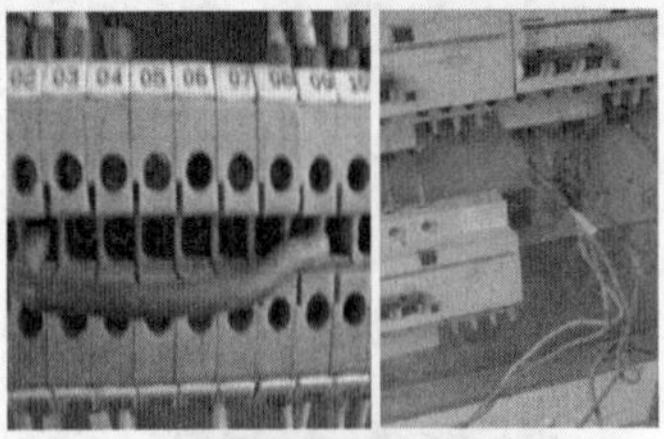 	岗前安全培训交底； 执行启动前检查程序

续表

序号	违章行为描述	场景提示	应对处置
8	设备发生故障后尚未查明原因和排除故障，就强行按接触器进行作业		岗前安全培训交底； 执行检修人员和安全检查人员双岗制
9	斜拉平台作业		岗前安全培训交底； 学习设备使用说明手册； 作业监管人员和操作者加强现场岗位责任意识
10	操作人员在女儿墙边或上面进出平台		岗前安全培训交底； 学习高处作业安全规程； 设备使用手册； 清洗维护作业规程等
11	作业时平台内杂物未清理，平台内采用加高垫层进行登高作业		岗前安全培训交底； 安全员落实检查程序； 上机前根据任务清单，清理个人及吊船内无关物品
12	吊船未操控到接近工作位置的安全距离，吊船内作业人员身体重心偏离安全位置，冒险作业		岗前安全培训交底，熟悉设备使用手册和操作规程； 优先操作设备平台实施接近作业
13	未按规定填写设备使用日志	擦窗机使用日志	作业人员、安全员、作业主管落实现场签字制度，留存日志记录，对节点检查，形成共同验收交接制度
14	操作人员用物件将转换开关一端固定，让平台自动进行危险的动作	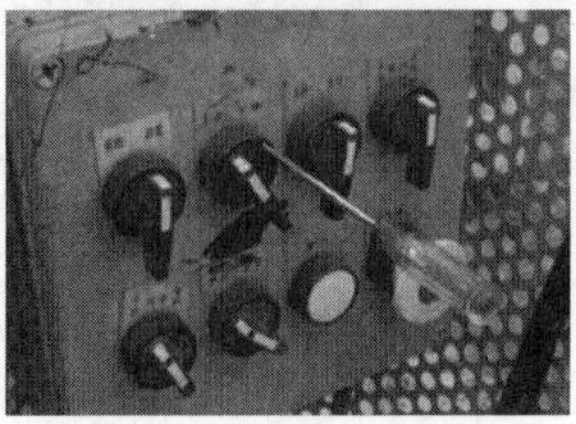	岗前安全培训交底； 学习高处作业安全规程设备使用手册； 熟悉设备手册和正确操作规程，加强责任心和安全意识

续表

序号	违章行为描述	场景提示	应对处置
15	设备部件零件丢失后未通知售后维保人员进行保养更换，现场擅自改装后进行操作和作业		岗前安全培训交底； 学习设备维保手册，落实作业规程，加强作业巡视检查，发现损毁立即更换和维修
16	设备保护装置损坏、靠墙轮等零部件丢失，未及时修理便强行继续作业	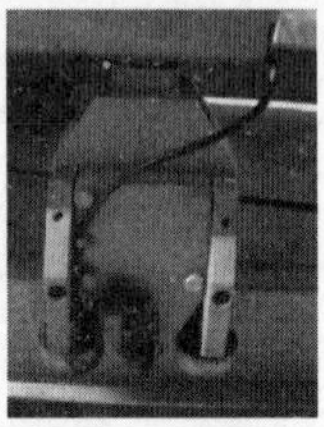 	学习设备维保手册，落实作业规程，加强作业巡视检查，发现损毁立即更换
17	设备操作人员未将安全绳挂在指定安全挂点上，而是与玻璃起吊钢丝绳捆在一起后进行操作		加强设备使用前的逐项检查验收； 岗前安全培训交底； 学习高处作业安全规程、设备使用手册和操作规程
18	操作人员未遵守擦窗机操作使用说明书要求："必须2人在平台内操作的规定。"现场图省事，只留1个人在平台内操作		岗前安全培训交底； 学习高处作业安全规程、设备使用手册和操作规程
19	擦窗机平台未放至规定的放置区，现场操作人员图方便，采用爬梯或木梯进出吊船平台，作业完毕未将平台进行固定好		岗前安全培训交底； 学习高处作业安全规程、设备使用手册和操作规程

续表

序号	违章行为描述	场景提示	应对处置
20	设备随行电缆器转盘防护罩丢失，未向上级通报或通知维保人员更换，强行继续作业，导致电缆短路，碳刷环损坏		加强作业巡视检查，发现损毁立即更换
21	设备回转电机损坏后未修理，临时固定后继续进行操作	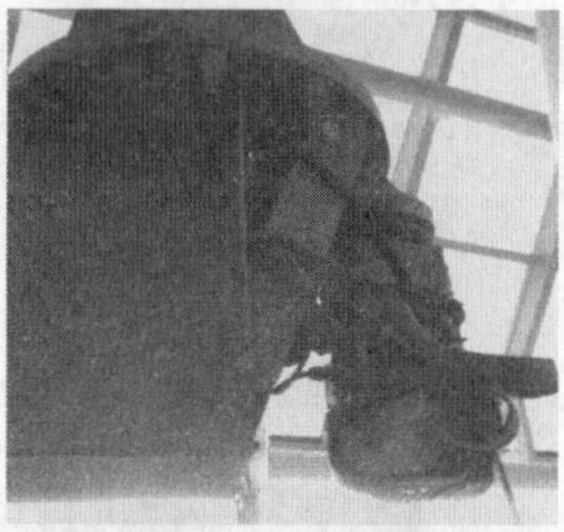	加强作业巡视检查，发现损毁立即更换
22	设备平台内装载超过平台自身高度 2 倍的物体，进行吊运操作		与设备制造商共同制订和审核吊装方案和设备使用制度，加强作业巡视检查，发现违反，立即纠正； 加强学习设备手册和操作规程
23	平台内保护装置及紧固螺丝被人为拆除，未及时更换，在无保护装置的情况下进行作业		加强作业巡检，发现损坏，立即更换或维修； 加强设备检查、维护和维修制度，按规定时限做好使用前检查和周期检查，及时整改到位
24	平台限载 2 人，而实际多于 2 人进行作业		学习掌握设备手册和使用说明书规定的各种安全限制规定，审核吊装方案和设备使用制度，加强作业巡视检查，发现违反，立即纠正

续表

序号	违章行为描述	场景提示	应对处置
25	作业时起升机构箱门未及时关闭，致使起升机箱门挤压损坏； 设备保护罩严重损坏未及时修理情况下进行操作		审核作业方案和路径规划，加强作业人员责任心教育，对照方案逐项检查验收后再作业
26	人员安全防护用品未按规定佩戴（如：安全帽）		岗前检查、加强培训考核
27	操作人员或维护人员日常检查维护设备时，踩踏行走电机等动力部件		审核作业方案和维修路径规划，加强作业人员责任心教育
28	操作人员在操作设备时擅自更改安装位置进行作业		审核作业方案，加强作业人员责任心教育，加强巡视
29	操作人员擅自拆除限位保护装置，在平台无任何限位保护装置的情况下进行操作。吊船平台挂放杂物		审核作业方案，加强作业人员责任心教育，加强设备使用前的全面检查和现场作业巡视
30	操作人员在限位保护装置变形、损坏致使保护装置无效的情况下未更换和维修，强行作业		审核作业方案，加强作业人员责任心教育，加强设备使用前的全面检查和现场作业巡视

续表

序号	违章行为描述	场景提示	应对处置
31	擦窗机通行路径中，在设备非回转区域强行开箱继续各动作作业		审核作业方案，加强作业人员责任心教育，加强巡视
32	擦窗机工作时台车工作平面无专职人员进行作业监控		加强作业人员责任心教育，加强巡视
33	操作人员为使操作方便，人为地将安全装置设置失灵		审核作业方案，加强作业人员责任心教育，加强设备使用前的全面检查和现场作业巡视
34	操作人员未注意观察平台和钢丝绳运行路径、作业环境及上方危险部位		加强作业人员责任心教育，加强现场作业巡视
35	为了使操作方便，操作人员未安装安全钢丝绳等保护装置，强行作业		加强作业人员责任心教育，加强现场作业巡视，做好设备使用前的安全装置和功能检查
36	有道岔的轨道，插销未良好固定； 在设有防风插销的设备中，不使用防风插销		加强作业人员责任心教育，加强现场作业巡视，审核安装方案，做好验收

五、设备停机中的常见违章

设备停机中的常见违章情况 10 种示例，见表 5-7。

设备停机中的常见违章情况示例表　　表 5-7

序号	违章行为描述	场景提示	应对处置
1	备件未及时收回和放置到正确位置	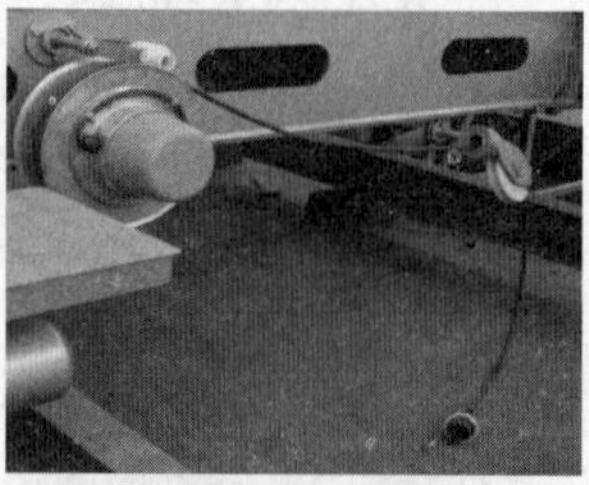	履行任务完成后的现场复核检查程序，加强现场作业巡视。加强作业指导书和设备手册的学习，加强责任心教育
2	停机时未将设备放置在指定停机位，干涉临近设施		
3	有液压系统擦窗机作业完毕后，停机时未将活塞收回到液压缸内		
4	擦窗机放到指定位置后，未把夹轨器可靠的夹在轨道上		
5	擦窗机停机后，未采用绳索扣紧平台和大臂		
6	擦窗机停机时，未停在避雷保护区		

续表

序号	违章行为描述	场景提示	应对处置
7	手持操作盒未放进防雨盒内		履行任务完成后的现场复核检查程序，加强现场作业巡视。加强作业指导书和设备手册等学习，加强责任心教育
8	停机后未将电话盒中电池取出		
9	设备未作业时，电箱门与起升箱门未良好关闭		加强作业指导书和设备手册等学习，加强责任心教育
10	停机后没有拔下电源插头		

第六章 常用标准规范

本章列出了擦窗机工程中常用的标准规范内容作为学习要点，在工程实践中遇有使用标准规范的场合，应以标准化管理部门实际发布标准出版物为准。

第一节 《擦窗机》GB/T 19154—2017

本节为标准内容摘录，现场涉及标准实施时，应查阅标准原文并按照执行。

一、应用范围

该标准规定了擦窗机的术语和定义、型式及主参数、一般技术要求、设备的结构、稳定性与机械设计计算、吊船、起升机构、悬挂装置、轨道、电气系统和控制系统、试验方法、检验规则、标志、随机文件等。该标准包括了擦窗机的轨道及其支撑系统的设计计算、擦窗机轮载施加到建筑结构上的相关载荷规定、擦窗机的安装对建筑物和结构的安全要求；该标准还包括了擦窗机工作中存在的相关显著危险，说明了消除或减少发生显著危险的适当技术措施。

二、一般要求

1. 擦窗机在下列环境下应能正常工作：

（1）环境温度：－10 ℃～＋55 ℃。

（2）环境相对湿度不大于 90％（25℃时）。

（3）电源电压偏离额定值±5％。

（4）工作处阵风风速不大于 8.3m/s（相当于 5 级风力）。

2. 擦窗机的设计载荷包括设备自重、额定载重量和风载荷。

3. 对安装擦窗机的建筑物要求

（1）建筑物结构应能承受擦窗机工作时对结构施加的最大作用力，并应经过建筑设计部门的确认。

（2）建筑物在设计和建造时应便于擦窗机的安全安装和使用。

（3）安装擦窗机用的预埋螺栓公称直径应不小于 16mm。

（4）在建筑物的适当位置应设置供擦窗机使用的三相五线制电源插座。该插座应防雨、安全、可靠。紧急情况下应能方便切断电源。

（5）当擦窗机水平轨道或附墙轨道安装在高于屋面 2m 的高架混凝土梁或钢梁上时，应沿轨道铺设经有效防腐处理的钢网工作平台或行走通道，以确保操作者和维护人员的安全工作。

三、技术性能

1. 擦窗机作业时应保证：

（1）电气系统与控制系统功能正常，动作灵敏、可靠。

（2）安全保护装置与限位装置动作准确，安全可靠。

（3）各传动机构运行平稳，不得有过热、异常声响或振动，减速机等无渗漏油现象。

2. 各机构工作速度应符合下列规定，其误差不大于设计值的±5%：

（1）吊船升降速度不大于18m/min。

（2）台车（或爬轨器）行走速度不大于18m/min。

（3）臂架变幅时吊船的线速度不大于18m/min。

（4）主机（台车）回转时吊船的线速度不大于18m/min。

3. 擦窗机在额定载重量工作时，在距离噪声源1m处的噪声值应不大于79dB（A）。

4. 擦窗机的可靠性应符合以下要求：

（1）手动起升机构的可靠度为100%。

（2）动力起升机构

重型动力起升机构：首次故障前工作时间为0.05t_0，且工作循环次数不低于3000次；平均无故障工作时间为0.03t_0，且工作循环次数不低于1800次。可靠度不低于92%。

轻型动力起升机构：首次故障前工作时间为0.15t_0，且工作循环次数不低于3000次；平均无故障工作时间为0.1t_0，且工作循环次数不低于2000次。可靠度不低于92%。

（3）变幅、回转机构

首次故障前工作时间为0.5t_0，且工作循环次数不低于3000次；平均无故障工作时间为0.3t_0，且工作循环次数不低于1800次。可靠度不低于92%。

（4）行走机构的可靠度为100%。

5. 设备操作的应急救援

（1）在操作设备前，应有适当的应急救援措施。吊船内仅有一人操作时，另一操作者（监护人员）应通过定时联络，关注吊船操作者的状况与健康。

（2）当单人吊船或座椅的操作者出现不适情况或吊船出现机械或电气故障时，监护人员应启动预定的应急救援方案，包括但不限于下列措施：

1）使用特殊远程控制或其他装置；

2）与紧急服务单位联系；

3）使用绳索接近技术；

4）使用后备悬挂平台（例如高处作业吊篮）。

四、检验规则

擦窗机的检验分出厂检验、型式试验、与安全相关的轨道支撑及其锚固件的安装检查、擦窗机系统现场验收（具体用到该条款内容时，请查阅正式出版的标准文本）。

第二节　《擦窗机安装工程质量验收标准》JGJ/T 150—2018

本节为标准内容摘录，现场涉及标准实施时，应查阅标准原文并按照执行。

一、应用范围

该标准统一了擦窗机安装工程的质量验收以及规范安装质量的技术要求，确保了工程质量和安全。

二、基本规定

擦窗机安装工程施工质量的验收除应符合该标准的规定外，尚应按批准的设计文件、合同约定的内容执行。擦窗机安装工程施工现场条件应符合现行国家标准《机械设备安装工程施工及验收通用规范》GB 50231—2009 的相关规定。擦窗机安装工程应遵循按程序批准通过的施工图纸、施工组织设计或专项施工方案进行施工。安装的擦窗机设备、轨道系统及其附属装置，必须符合相关国家标准的规定，并应有合格证明。擦窗机安装工程的施工质量控制和验收应符合现行国家标准《建筑工程施工质量验收统一标准》GB 50300—2013 的相关规定。擦窗机安装工程有关的土建工程、机电安装工程施工完毕检验合格后，方可进行擦窗机安装。擦窗机安装工程完成后，应检验合格后方可交付使用。

三、关键部件安装要求

1. 基础与预埋件安装

预埋件的锚固钢筋与混凝土基础边缘的安装距离应大于 50mm。预埋件螺栓公称直径不小于 16mm，并符合设计强度要求。安装化学锚栓时，锚栓的中心至基础或构件边缘的距离不应小于 7 倍锚栓公称直径，相邻两根锚栓的中心距离不应小于 10 倍锚栓公称直径。预埋件螺栓、板的应进行防腐处理，不应有锈蚀。

2. 轨道系统安装

轨道与预埋件或预埋支架的连接安装应牢固可靠，不得松动。在最大荷载作用下，轨道两个支撑点之间的挠度不得大于其跨距的 1/200，且最大变形量不得大于 30mm。轨道末端固定式机械止挡应采用螺栓连接或焊接安装方式，确保台车运行不脱离轨道。当轨道安装对接位置焊缝不在基础埋件钢板上时，在焊缝的下方应设置加强垫板，垫板厚度不得小于轨道腹板的厚度。在移动轨道、轨道道岔或轨道转盘等装置对接处安装的活动式机械止挡，应定位准确、牢固可靠。

3. 设备安装

吊船的额定载重量、允许乘载的人数及安全操作的标识应牢固安装于明显位置。钢丝绳安装应符合说明书要求，绳间不得相互干扰。擦窗机各机构外露传动部分的防护罩应安装牢固。擦窗机的主体结构、电机及所有电气设备的金属外壳和护套必须接地。螺栓与螺钉安装紧固时，应符合现行国家标准《机械设备安装工程施工及验收通用规范》GB 50231—2009 的相关要求。

四、系统调试

1. 擦窗机主电路相间绝缘电阻不小于 0.5MΩ；电器线路绝缘电阻不小于 2MΩ。钢丝绳无锈蚀、断丝、断股等现象；钢丝绳绳端安装固定形式应为金属压制接头、自紧楔形接头或采用其他相同安全等级的形式。当接头失效会影响安全时，不应单独使用U形钢丝绳夹。

2. 擦窗机各机构应运行平稳，制动可靠擦窗机安全保护装置应符合下列规定：

（1）紧急停止按钮在紧急状态下应能切断主电源控制回路，且不应自动复位。

（2）吊船底部安装的防撞杆应动作准确，可靠停止动作。

（3）超载保护装置应能制止除吊船下降的所有运动，并应有声光报警。

（4）钢丝绳发生松弛、乱绳、断绳无载荷情况发生时，钢丝绳的防松装置应能停止吊船的下降。

（5）起升机构上下极限限位装置应动作灵敏可靠。

（6）回转机构、吊船上升极限限位装置应动作灵敏可靠。

（7）擦窗机行走与回转时警示系统应发出声光信号。

3. 卷扬式起升机构的制动器应符合下列规定：

（1）主制动器应能在100mm的距离内制停吊船；在停电或紧急状态下，应能手动释放制动。

（2）后备制动器或超速保护装置应独立于主制动器，当主制动器失效或吊船下降速度大于30m/min时，后备制动器应立即启动制停吊船。

（3）后备制动器的断电开关安装位置应准确，动作应灵敏。

4. 爬升式起升机构的制动器应可靠制动吊船，手动释放装置应能释放制动。

5. 爬升式起升机构的安全锁应符合下列要求：

（1）离心触发式安全锁，当吊船运行速度达到安全锁锁绳速度时，应能自动锁住安全钢丝绳，保证吊船在200mm范围内锁住。

（2）摆臂式防倾斜安全锁，吊船工作时的纵向倾斜角度不应大于14°；当大于14°时，应能自动锁住并停止运行。

6. 当吊船位于最远点和最低位置时，卷筒上的钢丝绳圈数不应少于3圈。

7. 吊船位于最高设计位置或有关保护装置在设定的位置上，台车、爬轨器方可运行。

8. 液压缸上安装的平衡阀或液压锁，应能防止管路的破裂、泄露而导致超速下降或坠落。

五、工程验收

擦窗机工程安装、调试完毕，经自检合格后，安装单位向建设单位（或其代表）申请安装工程验收。建设单位负责组织相关单位对擦窗机安装工程进行验收，验收合格后办理交付手续。

第三节　《建筑物清洗维护质量要求》GB/T 25030—2010

本节为标准内容摘录，现场涉及标准实施时，应查阅标准原文并按照执行。

一、适用范围

该标准规定了建筑物（含构筑物）外表面清洗维护作业的质量要求和清洗维护质量检

查评价工作等内容。适用于建筑外表面清洗维护质量管理和检查评价工作。

二、清洗维护作业常用设备

1. 高处作业吊篮：悬挂机构架设于建筑物或构筑物上，提升机驱动悬吊平台通过钢丝绳沿立面上下运行的一种非常设悬挂设备。

2. 擦窗机：用于建筑物或构筑物窗户和外墙清洗、维修等作业的常设悬吊接近设备。

3. 高空作业平台：用来运送工作人员和使用器材到指定高度进行作业的专用设备。

4. 座板式单人吊具：个体使用的具有防坠落功能的无动力载人作业用具。该吊具由专业人员操作，沿建筑物立面自上而下移动。

三、清洗维护作业质量要求

1. 一般要求

（1）建筑外面表应保持整洁，无明显污迹，无残损、脱落、严重变色等。

（2）玻璃幕墙和金属幕墙的外表面，宜每年清洗一次；外表面为水刷石、干粘石和喷涂材料的，应每五年清洗与维护一次；外表面为其他材质的，视材质情况定期清洗或者粉饰。当建筑外面表有明显污迹时，应及时进行清洗或粉饰。

（3）建筑外表面残损、脱落的，应进行修补或者重新装饰、装修。

（4）对建筑外表面进行粉饰或者重新装饰、装修，应保持原建筑物、构筑物的色调、造型和建筑设计风格。改变原建筑物、构筑物色调造型或者建筑设计风格的，应先依照城市规划管理规定申报批准后再进行。

2. 环保要求

（1）粉饰或重新装饰、装修的材料，应符合国家产品质量标准中环境保护要求。

（2）外墙清洗过程中，不应对环境造成污染。

（3）外墙清洗过程中喷砂作业应采用湿喷，落砂应回收利用。

3. 维护处理要求

（1）清洗前应对饰面基层进行检查，当有缺陷时，应修补或加固，并做好记录，经验收符合要求后，方可进行清洗。

（2）当饰面基层有渗水现象时，应预先进行防水防渗处理，并确定已修复。

（3）当饰面有风化、空鼓、开裂等情况时，应进行修补、加固或更换，使用的材料应与原饰面材料一致或相近，并应符合饰面对该材料的技术要求。

4. 清洗维护设备要求

（1）建筑物有常设外墙清洗维护设备时，应在保证安全的条件下优先选用该设备。

（2）建筑物没有常设的外墙清洗维护设施时，应按建筑物外形、工期、效果、安全等因素选择施工设备。

（3）对新建建筑，在高度超过 40m 时，应优先设置擦窗机。

（4）对既有建筑，未设置擦窗机时，可优先选用高处作业吊篮进行清洗、维护作业。

（5）受建筑物结构限制，悬挂设备不具备使用条件时，应在落实有关安全措施，经施工企业责任人签字后，可以使用经过安全技术检验机构检验合格的座板式单人吊具或悬挂装置作业。

（6）对于高度 40m 以下建筑可选用高空作业机械进行清洗维护作业。

四、清洗维护作业安全防范措施要求

1. 清洗维护作业施工单位

（1）建筑外表面清洗维护作业的企业应建立、健全安全生产责任制，并执行相应规章制度，做好记录和存档工作。

包括：安全生产责任制；高处悬挂作业安全规程；施工工艺方案；悬挂设备安全操作规程；悬挂设备安装及调试技术规程；悬挂设备安全检查制度；悬挂设备维护保养及检修制度；劳动防护用品发放与穿戴制度；作业人员、设备安装维修人员安全培训考核制度；高处悬挂作业紧急情况下的应急预案；高处悬挂作业安全事故应急救援预案等。

（2）施工企业对施工设备进行安全检查。安全检查分日常检查和定期检查，日常检查由班组在上班前进行，定期检查由企业安全管理部门负责组织，定期检查记录由企业安全管理部门负责人签字并存档备案。其中悬挂作业设备的钢丝绳每次施工前应检查一次。

（3）新安装、大修后及闲置一年以上的高空作业设备、高处悬挂设备和装置，启动前应由有资质的检测机构按国家相应标准进行安全性能检查。

2. 作业设备

（1）高空作业设备、悬挂作业设备和装置应符合相关标准，产品应经过具有相应检测资质的机构进行安全性能测试。

（2）高空作业设备、悬挂作业设备和装置及构配件、安全装置、防护装置、安全带和安全绳、劳动保护用品产权单位应逐台建立产品及使用、检验、维修、保养档案。

（3）高处悬挂作业所使用的工具、器材应采取可靠的防坠措施。

（4）高处悬挂作业设备租赁企业应保证设备安全性和可靠性，并出具安全性能检验报告，同时签订租赁合同，对所租赁设备的安全性能负责。

3. 对作业环境的要求

（1）高处悬挂作业应保证现场区域和四周环境的安全，其作业下方应设置警戒线，并有人看守，在醒目处应设置“禁止入内”的标志牌。

（2）不应在同一垂直方向，上下同时作业。在距高压线 10m 区域内无专业安全防护措施时禁止作业。

（3）高处悬挂作业不应在大雾、大雨、大雪、大风（风力超过 5 级，风速 8.3m/s）等恶劣气候及夜间无照明时作业；气温超过 40℃或低于零下 20℃时，不应进行施工操作。

4. 对悬挂作业人员的要求

（1）经过专业安全技术培训，符合从业准入规定，经用人单位培训考核合格录用，现场安全交底和授权，具备资格后方可持证上岗。

（2）无不适应高处作业的疾病和生理缺陷。患有高血压、心脏病、恐高症等不宜从事高空作业的人员不应从事高处悬挂作业。

（3）酒后、过度疲劳、情绪异常者不应上岗。

（4）实施特种作业时，作业人员应佩带附本人照片的特种作业资格证件。

（5）作业时应戴安全帽，使用安全带。高处作业人员应能正确熟练地使用保险带和安全绳。安全绳上端固定应牢固可靠，使用时安全绳应基本保持垂直于地面，作业人员身后余绳不应超过 1m。禁止两人同时使用一条安全绳。安全绳的自锁钩应扣在单独悬挂于建筑物顶部牢固部位的保险绳上。

（6）操作人员不应穿拖鞋或塑料底等宜滑鞋进行作业。

（7）操作人员上机操作前，应认真学习和掌握使用说明书，应按检验项目检验合格后，方可上机操作，使用中应执行安全操作规程。

（8）使用双动力升降施工设备时，操作人员不允许单独一人进行作业。

（9）操作人员应在地面进出悬吊平台，不应在空中攀缘窗口出入，作业人员不应从一悬吊平台跨入另一悬吊平台。

（10）作业人员发现事故隐患或不安全因素，有权要求企业负责人采取劳动保护措施。

（11）高处悬挂作业人员在身体不适应或安全得不到保证的情况下，有权拒绝进行高处悬挂作业。对管理人员违章指挥，强令冒险作业，有权拒绝执行。

第四节　施工安全常用规范

本节为标准内容摘录，现场涉及标准应用时，应查阅有关标准最新版本的原文并按照执行。

一、《施工企业安全生产管理规范》GB 50656—2011

规范中第 12.0.5 条的规定，明确要求高处作业施工安全技术措施必须列入施工组织设计，同时明确了所应包括的主要内容。对于专业性较强、结构复杂、危险性较大的项目或采用新结构、新材料、新工艺或特殊结构的高处作业，强调要求编制专项方案，以及专项方案必须经相关管理人员审批。

二、《建筑施工高处作业安全技术规范》JGJ 80—2016

规范中的主要内容有：总则、术语和符号、基本规定、临边与洞口作业、攀登与悬空作业、操作平台、交叉作业、建筑施工安全网及有关附录，共计 8 章 3 个附录。该标准注意到了近几年移动式升降工作平台发展速度很快，使用也较为方便。提出移动式升降平台不仅要符合现行国家标准的要求，在其使用过程中还要严格按该平台使用说明书操作。

2016 版本与 1991 版规范相比，增加了术语和符号章节；将临边和洞口作业中对护栏的要求归纳、整理，统一对其构造进行规定；在攀登与悬空作业章节中，增加屋面和外墙作业时的安全防护要求；将操作平台和交叉作业章节分开为操作平台和交叉作业两个章节，分别对其提出了要求；对移动式操作平台、落地式操作平台与悬挑式操作平台分别做出了规定；增加了建筑施工安全网章节，并对安全网设置进行了具体规定。鼓励使用和推广标准化、定型化产品的安全防护设施。

三、机械化施工现场常用安全标准

《安全色》GB 2893—2008

《安全标志及其使用导则》GB 2894—2008

《道路交通标志和标线》GB 5768

《消防安全标志》GB 13495.1—2015

《消防安全标志设置要求》GB 15630—1995

《消防应急照明和疏散指示系统》GB 17945—2010

《建设工程施工现场供用电安全规范》GB 50194—2014

《建筑施工安全技术统一规范》GB 50870—2013

《建筑工程施工现场标志设置技术规程》JGJ 348—2014

《建筑机械使用安全技术规程》JGJ 33—2012

《施工现场机械设备检查技术规程》JGJ 160—2016

《建设工程施工现场环境与卫生标准》JGJ 146—2013

《建筑施工脚手架安全技术统一标准》GB 51210—2016

《建筑施工高处作业安全技术规范》JGJ 80—2016

《建筑施工起重吊装工程安全技术规范》JGJ 276—2012

《建筑拆除工程安全技术规范》JGJ 147—2016

《施工现场临时用电安全技术规范》JGJ 46—2005

《建筑施工安全检查标准》JGJ 59—2011

《建筑起重机械安全评估技术规程》JGJ/T 189—2009

《建筑施工升降设备设施检验标准》JGJ 305—2013

《建筑施工门式钢管脚手架安全技术规范》JGJ 128—2010

《建筑施工扣件式钢管脚手架安全技术规范》JGJ 130—2011

综上所述，《建筑机械使用安全技术规程》JGJ 33—2012、《施工现场机械设备检查技术规程》JGJ 160—2016、《建筑施工升降设备设施检验标准》JGJ 305—2013 等对高空作业机械使用、日常检查、检验等做了具体规定，读者可做延伸阅读，以充实作业现场标准知识。

学员和教师在施工现场还需注意出入施工现场遵守安全规定，认知标志，保障安全。还应注意学习施工现场安全管理规定、设备与自我防护知识、成品保护知识、临近作业、交叉作业安全规定等。尤其是要了解和认知施工现场安全常识、现场标志，遵守相关标准最新版本的执行。

第七章　作业现场常见标志

住房和城乡建设部发布行业标准《建筑工程施工现场标志设置技术规程》编号为JGJ 348—2014，自2015年5月1日起实施。其中，第3.0.2条为强制性条文，必须严格执行。施工现场安全标志的类型、数量应根据危险部位的性质，分别设置不同的安全标志。建筑工程施工现场的下列危险部位和场所应设置安全标志：

（1）通道口、楼梯口、电梯口和孔洞口。

（2）基坑和基槽外围、管沟和水池边沿。

（3）高差超过1.5m的临边部位。

（4）爆破、起重、拆除和其他各种危险作业场所。

（5）爆破物、易燃物、危险气体、危险液体和其他有毒有害危险品存放处。

（6）临时用电设施。

（7）施工现场其他可能导致人身伤害的危险部位或场所。

施工现场内的各种安全设施、设备、标志等，任何人不得擅自移动、拆除。因施工需要必须移动或拆除时，必须要经项目经理同意后并办理有关手续，方可实施。

安全标志是指在操作人中容易产生错误，易造成事故危险的场所，为了确保安全，所采取的一种标示。此标示由安全色、几何图形和图形符号构成，是用以表达特定安全信息的特殊标示，设置安全标志的目的，是为了引起人们对不安全因素的注意，预防事故发生。

（1）禁止标志：是不准或制止人的某种行为（图形为黑色，禁止符号与文字底色为红色）。

（2）警告标志：是使人注意可能发生的危险（图形警告符号及字体为黑色，图形底色为黄色）。

（3）指令标志：是告诉人必须遵守的意思（图形为白色，指令标志底色均为蓝色）。

（4）提示标志：是向人提示目标的方向。

安全色是表达信息含义的颜色，用来表示禁止、警告、指令、指示等，其作用在于使人能迅速发现或分辨安全标志，提醒人员注意，预防事故发生。

（1）红色：表示禁止、停止、消防和危险的意思。

（2）蓝色：表示指令、必须遵守的规定。

（3）黄色：表示通行、安全和提供信息的意思。

专用标志是结合建筑工程施工现场特点，总结施工现场标志设置的共性所提炼的，专用标志的内容应简单、易懂、易识别，要让建筑工程施工的从业人员能准确无误的识别，所传达的信息独一无二，不能产生歧义。其设置的目的是引起人们对不安全因素的注意和规范施工现场标志的设置，达到施工现场安全文明。专用标志可分为名称标志、导向标志、制度类标志和标线4种类型。

多个安全标志在同一处设置时，应按禁止、警告、指令、提示类型的顺序，先左后右，先上后下的排列。遵守安全规定，认知标志，保障安全是实习阶段最应关注的事项。学员和教师均应注意学习施工现场安全管理规定、设备与自我防护知识、成品保护知识、临近作业交叉作业安全规定等；尤其是要了解和认知施工现场安全常识、现场标志，遵守管理规定。

根据现行《建设工程安全生产管理条例》的规定，施工单位应当在施工现场入口处、施工起重机械、临时用电设施、脚手架、出入通道口、楼梯口、电梯井口、孔洞口、桥梁口、隧道口、基坑边沿、爆破物及有害危险气体和液体存放处等危险部位，设置明显的安全警示标志。安全警示标志必须符合国家标准。重点指出通道口、预留洞口、楼梯口、电梯井口；基坑边沿、爆破物存放处、有害危险气体和液体存放处应设置安全标志，目的是强化在上述区域安全标志的设置。在施工过程中，当危险部位缺乏提供相应安全信息的安全标志时，极易出现安全事故。为降低施工过程中安全事故发生的概率，要求必须设置明显的安全标志。危险部位安全标志设置的规定，保证了施工现场安全生产活动的正常进行，也为安全检查等活动正常开展提供了依据。

下文根据常见的有关标准，整理了与设备工况有关的标志实例，供读者学习。

第一节　禁　止　标　志

设备自身与作业现场禁止标志的名称、图形符号、设置范围和地点的规定应符合表7-1。

禁止标志　　表 7-1

名称	图形符号	设置范围和地点	名称	图形符号	设置范围和地点
禁止通行	禁止通行	封闭施工区域和有潜在危险的区域	禁止入内	禁止入内	禁止非工作人员入内和易造成事故或对人员产生伤害的场所
禁止停留	禁止停留	存在对人体有危害因素的作业场所	禁止吊物下通行	禁止吊物下通行	有吊物或吊装操作的场所
禁止跨越	禁止跨越	施工沟槽等禁止跨越的场所	禁止攀登	禁止攀登	禁止攀登的桩机、变压器等危险场所

续表

名称	图形符号	设置范围和地点	名称	图形符号	设置范围和地点
禁止跳下	禁止跳下	脚手架等禁止跳下的场所	禁止靠近	禁止靠近	禁止靠近的变压器等危险区域
禁止乘人	禁止乘人	禁止乘人的货物提升设备	禁止启闭	禁止启闭	禁止启闭的电器设备处
禁止踩踏	禁止踩踏	禁止踩踏的现浇混凝土等区域	禁止合闸	禁止合闸	禁止电气设备及移动电源开关处
禁止吸烟	禁止吸烟	禁止吸烟的木工加工场等场所	禁止转动	禁止转动	检修或专人操作的设备附近
禁止烟火	禁止烟火	禁止烟火的油罐、木工加工场等场所	禁止触摸	禁止触摸	禁止触摸的设备或物体附近
禁止放易燃物	禁止放易燃物	禁止放易燃物的场所	禁止戴手套	禁止戴手套	戴手套易造成手部伤害的作业地点

续表

名称	图形符号	设置范围和地点	名称	图形符号	设置范围和地点
禁止用水灭火	禁止用水灭火	禁止用水灭火的发电机、配电房等场所	禁止堆放	禁止堆放	堆放物资影响安全的场所
禁止碰撞	禁止碰撞	易有燃气积聚，设备碰撞发生火花易发生危险的场所	禁止挖掘	禁止挖掘	地下设施等禁止挖掘的区域
禁止操作	正在维修　禁止操作	正在作业的场地	禁止抛物	禁止抛物	在高空作业工况下
禁止挂重物	禁止挂重物	挂重物易发生危险的场所	低温警示	-25℃以下严禁工作	设置与车辆操作位置
禁止站人	臂下严禁站人	存在对人体有危害因素的工作臂	严禁喷水	严禁喷水	禁止喷水的电气设备
禁止操作	未经培者禁止操作 UNTRAINED PERSON FORBID TO OPERATE	车辆的操作区域	禁止吊重	严禁平台吊重	车辆的操作区域

续表

名称	图形符号	设置范围和地点	名称	图形符号	设置范围和地点
最小伸出	危险 触电死亡危险 带电作业时，臂必须伸出至最小伸出位置标识以外，否则，会导致死亡或者严重伤害	设置在工作臂上	禁止触摸	高温危险 严禁触摸	设备发烫的位置
禁止踩踏	禁止踩踏	存在对人体有危害因素的零部件上			

第二节　警　告　标　志

设备自身与作业现场警告标志的名称、图形符号、设置范围和地点的规定应符合表7-2。

警告标志　　**表 7-2**

名称	图形符号	设置范围和地点	名称	图形符号	设置范围和地点
注意安全	注意安全	禁止标志中易造成人员伤害的场所	当心触电	当心触电	有可能发生触电危险的场所
当心爆炸	当心爆炸	易发生爆炸危险的场所	注意避雷	避雷装置 注意避雷	易发生雷电电击区域
当心火灾	当心火灾	易发生火灾的危险场所	当心车辆	当心车辆	车、人混合行走的区域

续表

名称	图形符号	设置范围和地点	名称	图形符号	设置范围和地点
当心坠落	当心坠落	易发生坠落事故的作业场所	当心滑倒	当心滑倒	易滑倒场所
当心碰头	当心碰头	易碰头的施工区域	当心坑洞	当心坑洞	有坑洞易造成伤害的作业场所
当心绊倒	当心绊倒	地面高低不平易绊倒的场所	当心塌方	当心塌方	有塌方危险区域
当心障碍物	当心障碍物	地面有障碍物并易造成人的伤害的场所	当心冒顶	当心冒顶	有冒顶危险的作业场所
当心跌落	当心跌落	建筑物边沿、基坑边沿等易跌落场所	当心吊物	当心吊物	有吊物作业的场所
当心伤手	当心伤手	易造成手部伤害的场所	当心噪声	当心噪声	噪声较大易对人体造成伤害的场所

续表

名称	图形符号	设置范围和地点	名称	图形符号	设置范围和地点
当心机械伤人	当心机械伤人	易发生机械卷入、轧压、碾压、剪切等机械伤害的作业场所	注意通风	注意通风	通风不良的有限空间
当心扎脚	当心扎脚	易造成足部伤害的场所	当心飞溅	当心飞溅	有飞溅物质的场所
当心落物	当心落物	易发生落物危险的区域	当心自动启动	当心自动启动	配有自动启动装置的设备处

第三节　指　令　标　志

设备自身与作业现场指令标志的名称、图形符号、设置范围和地点的规定应符合表7-3。

指令标志　　**表 7-3**

名称	图形符号	设置范围和地点	名称	图形符号	设置范围和地点
必须戴防毒面具	必须戴防毒面具	通风不良的有限空间	必须戴安全帽	必须戴安全帽	施工现场

续表

名称	图形符号	设置范围和地点	名称	图形符号	设置范围和地点
必须戴防护面罩	必须戴防护面罩	有飞溅物质等对面部有伤害的场所	必须戴防护手套	必须戴防护手套	具有腐蚀、灼烫、触电、刺伤等易伤害手部的场所
必须戴防护耳罩	必须戴防护耳罩	噪声较大易对人体造成伤害的场所	必须穿防护鞋	必须穿防护鞋	具有腐蚀、灼烫、触电、刺伤、砸伤等易伤害脚部的场所
必须戴防护眼镜	必须戴防护眼镜	有强光等对眼睛有伤害的场所	必须系安全带	必须系安全带	高处作业的场所
必须消除静电	必须消除静电	有静电火花会导致灾害的场所	必须用防爆工具	必须用防爆工具	有静电火花会导致灾害的场所

第四节 提 示 标 志

作业现场提示标志的名称、图形符号、设置范围和地点的规定应符合表 7-4。

提示标志　　表 7-4

名称	图形符号	设置范围和地点	名称	图形符号	设置范围和地点
动火区域	动火区域	施工现场划定的可使用明火的场所	应急避难场所	应急避难场所	容纳危险区域内疏散人员的场所
避险处	避　险　处 避险处	躲避危险的场所	紧急出口	紧急出口 紧急出口	用于安全疏散的紧急出口处，与方向箭头结合设在通向紧急出口的通道处（一般应指示方向）

第五节　导　向　标　志

作业现场导向标志的名称、图形符号、设置范围和地点的规定应符合表 7-5。

导向标志　　表 7-5

名称	指示标志图形符号	设置范围和地点	名称	禁令标志图形符号	设置范围和地点
直行		道路边	停车位	P	停车场前
向右转弯		道路交叉口前	减速让行	让	道路交叉口前
向左转弯		道路交叉口前	禁止驶入		禁止驶入路段入口处前

续表

名称	指示标志图形符号	设置范围和地点	名称	禁令标志图形符号	设置范围和地点
靠左侧道路行驶		需靠左行驶前	禁止停车		施工现场禁止停车区域
靠右侧道路行驶		需靠右行驶前	禁止鸣喇叭		施工现场禁止鸣喇叭区域
单行路（按箭头方向，向左或向右）		道路交叉口前	限制速度		施工现场出入口等需限速处
单行路（直行）		允许单行路前	限制宽度		道路宽度受限处
人行横道		人穿过道路前	限制高度		道路、门框等高度受限处
限制质量		道路、便桥等限制质量地点前	停车检查		施工车辆出入口处

交通警告标志　　**表 7-6**

名称	图形符号	设置地点或场合	名称	图形符号	设置地点或场合
慢行		施工现场出入口、转弯处等	上陡坡		施工区域陡坡处，如基坑施工处
向左急转弯		施工区域急向左转弯处	下陡坡		施工区域陡坡处，如基坑施工处
向右急转弯		施工区域急向右转弯处	注意行人		施工区域与生活区域交叉处

第六节 现 场 标 线

作业现场的现场标线的图形、名称、设置范围和地点应符合表7-7。防护标线如图7-1所示。

现 场 标 线　　表7-7

图形	名　　称	设置范围和地点
	禁止跨越标线	危险区域的地面
	警告标线（斜线倾角为45°）	易发生危险或可能存在危险的区域，设在固定设施或建（构）筑物上
	警告标线（斜线倾角为45°）	
	警告标线（斜线倾角为45°）	
	警告标线	易发生危险或可能存在危险的区域，设在移动设施上
高压危险	禁示带	危险区域

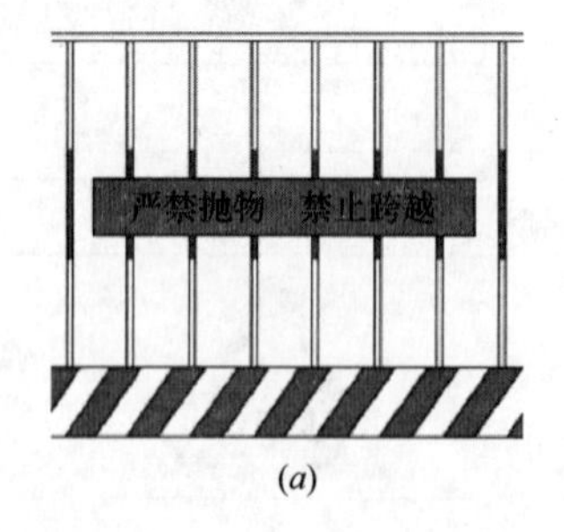

(*a*)

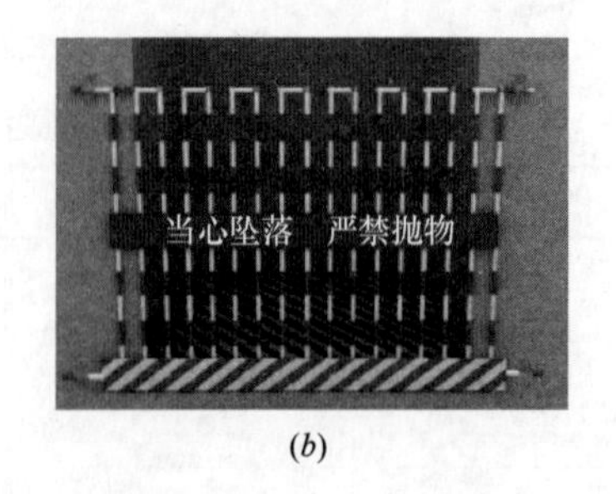

(*b*)

图7-1　作业现场防护标线

（*a*）临边防护标线（标志附在地面和防护栏上）；（*b*）电梯井立面防护标线（标线附在防护栏上）

第七节 制 度 标 志

施工现场制度标志的名称、设置范围和地点的规定应符合表7-8。

制度标志　　表 7-8

序号	名称		设置范围和地点
1	管理制度标志	工程概况标志牌	施工现场大门入口处和相应办公场所
		主要人员及联系电话标志牌	
		安全生产制度标志牌	
		环境保护制度标志牌	
		文明施工制度标志牌	
		消防保卫制度标志牌	
		卫生防疫制度标志牌	
		门卫管理制度标志牌	
		安全管理目标标志牌	
		施工现场平面图标志牌	
		重大危险源识别标志牌	
		材料、工具管理制度标志牌	仓库、堆场等处
		施工现场组织机构标志牌	办公室、会议室等处
		应急预案分工图标志牌	
		施工现场责任表标志牌	
		施工现场安全管理网络图标志牌	
		生活区管理制度标志牌	生活区
2	操作规程标志	施工机械安全操作规程标志牌	施工机械附近
		主要工种安全操作标志牌	各工种人员操作机械附件和工种人员办公室
3	岗位职责标志	各岗位人员职责标志牌	各岗位人员办公和操作场所

参　考　文　献

［1］ GB/T 19154—2017 擦窗机．北京：中国质检出版社，2017.
［2］ GB/T 25030—2010 建筑物清洗维护质量要求．北京：中国标准出版社，2010.
［3］ JGJ/T 150—2018 擦窗机安装工程质量验收标准．北京：中国建筑工业出版社，2018.
［4］ JGJ 160—2016 施工现场机械设备检查技术规范．北京：中国建筑工业出版社，2017.
［5］ JGJ 33—2012 建筑机械使用安全技术规程．北京：中国建筑工业出版社，2012.
［6］ JGJ 348—2014 建筑工程施工现场标志设置技术规程．北京：中国建筑工业出版社，2015.
［7］ 廖亚立．建筑工程安全员培训教材．北京：中国建材工业出版社，2010.
［8］ 刘宝权．设备管理与维修．北京：机械工业出版社，2012.
［9］ 王春琢．施工机械基础知识．北京：中国建筑工业出版社，2016.
［10］ 王平．建筑机械岗位普法教育与安全作业常识读本．北京：中国建筑工业出版社，2015.
［11］ 王平，蔡雷．高空作业车安全操作与维护保养．北京：中国建筑工业出版社，2015.
［12］ 兰阳春，薛抱新．擦窗机设计概述．建筑机械化，2010，31(7).
［13］ 上海普英特高层设备股份有限公司．培训手册.
［14］ 江苏雄宇重工集团．客户培训手册.
［15］ 无锡小天鹅机械公司．客户培训手册.
［16］ 无锡瑞吉德机械公司．客户培训手册.
［17］ 浙江开元建筑安装集团．吊装安全手册.
［18］ 中建一局北京公司．安全管理手册.
［19］ 青岛中银大厦监理部．擦窗机安装质量控制手册.
［20］ 北京凯博擦窗机械科技有限公司．擦窗机工程服务手册.